图 1 春雪

图 2 春捷

图 3 春蜜

图 4 金辉

图 5 中油 4 号

图 6 中油 5 号

图 7 中油 9 号

图 8 中油 12 号

图 9 早红宝石

图 10 早露蟠桃

图 11 金硕

图 12 春美

图 13 突围

图 14 青州冬雪蜜桃

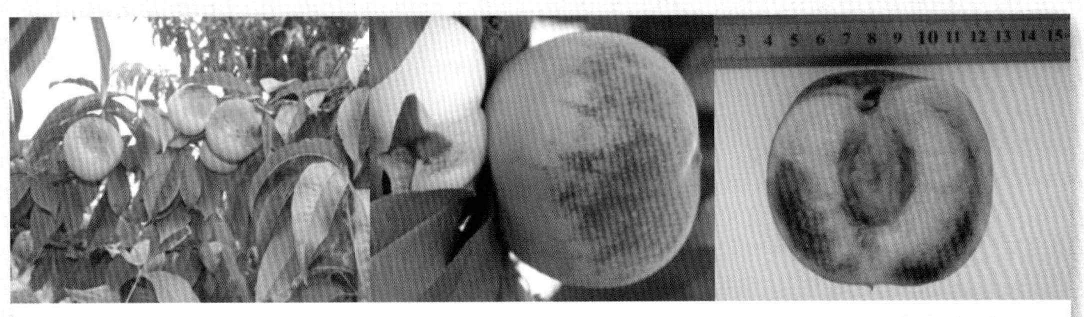

图 15 中农寒桃 1 号

图 16 中选 2 号

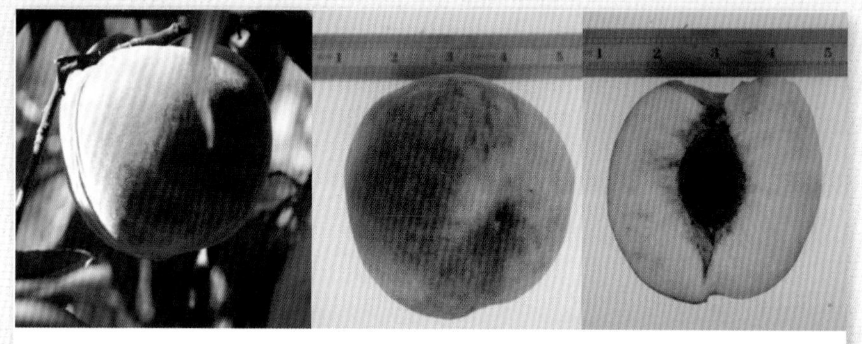

图 17 中选 3 号

图 18 山桃

图 19 毛樱桃

图 20 山杏

图 21 筑波 4、5、6 号

图 22 桃褐腐病病果

图 23 桃褐腐病悬挂在枝条上的僵果

图 24 桃炭疽病病果（左为发病初期，右为发病后期）

图 25 桃细菌性穿孔病初期

图 26 桃细菌性穿孔病叶部典型症状

图 27 桃树腐烂病溃疡斑及流胶症状

图 28 桃树腐烂病枝干扩展症状

图 30 桃树疮痂病危害果实症状

图 29 桃树流胶症状

图 31 桃树褐斑穿孔病症状

图 32 桃树缩叶病症状

图 33 桃小食心虫危害症状

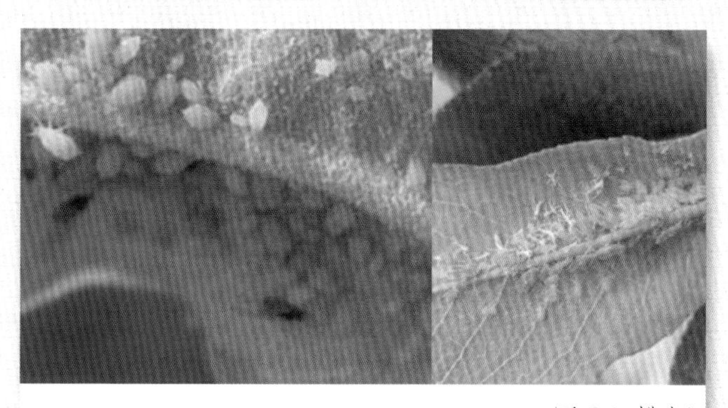

图 34 桃蚜

图 35 桃瘤蚜

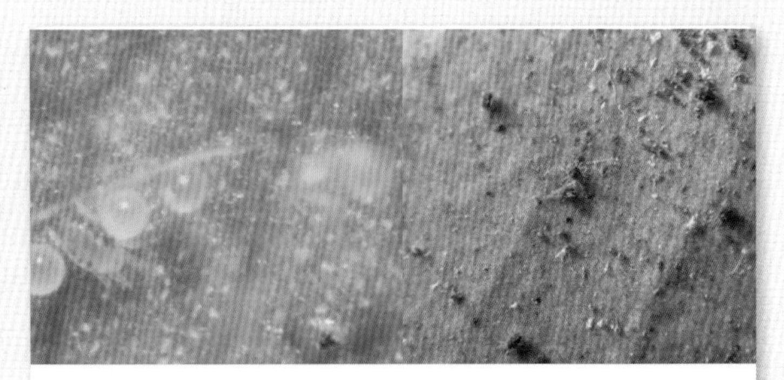

图 36 山楂叶螨

图 37 桃潜隐花叶类病毒

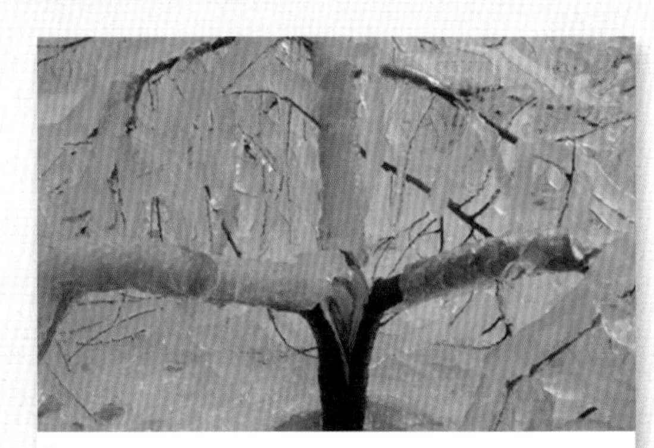

图 38 桃树冻害

图 39 桃树冻害的防御措施

一本书明白
桃
速丰安全高效
生产关键技术

YIBENSHU
MINGBAI
TAO
SUFENGANQUANGAOXIAO
SHENGCHAN
GUANJIANJISHU

王孝娣　王海波　主编

山东科学技术出版社　山西科学技术出版社　中原农民出版社
江西科学技术出版社　安徽科学技术出版社　河北科学技术出版社
陕西科学技术出版社　湖北科学技术出版社　湖南科学技术出版社

中原农民出版社　联合出版

“十三五”国家重点
图书出版规划

新型职业农民书架·
种能出彩系列

图书在版编目（CIP）数据

一本书明白桃速丰安全高效生产关键技术 / 王孝娣，王海波主编 .—郑州：中原农民出版社，2018. 8

ISBN 978-7-5542-1897-6

Ⅰ . ①一… Ⅱ . ①王… ②王… Ⅲ . ①桃 - 果树园艺 Ⅳ . ① S662

中国版本图书馆 CIP 数据核字（2018）第 175007 号

一本书明白

桃速丰安全高效生产关键技术

主　编：王孝娣　王海波

出版发行　中原农民出版社

（郑州市经五路66号　邮编：450002）

电　　话　0371-65788655

印　　刷　河南承创印务有限公司

开　　本　787mm × 1092mm　1/16

印　　张　8. 25

彩　　插　8

字　　数　134千字

版　　次　2019年1月第1版

印　　次　2019年1月第1次印刷

书　　号　ISBN 978-7-5542-1897-6

定　　价　39. 90元

编委会

主　编　王孝娣　王海波

副主编　刘凤之　郝志强

编　者　（按姓氏笔画排序）

王志强　史祥宾　刘万春　刘文海　闫文涛

李　敏　何锦兴　佟　伟　郑晓翠　魏长存

目录

Contents

一、桃生产现状

1. 我国桃栽培面积及在世界上所占的地位如何？

据FAO资料统计，在世界上我国的桃栽培面积最大，意大利居第2位，美国第3位。我国的桃栽培面积1978年即居世界首位，从2007年至2016年我国桃面积基本呈稳定缓慢增长趋势，平均年增长率为2.03%（表1）。截至2016年，我国桃种植面积增至83.88万hm^2，占世界桃种植面积（163.99万hm^2）的51.15%。从人均占有面积看，我国为7.11m^2/人，远远超过世界平均水平的2.86m^2/人，也超过美国的2.80m^2/人，但低于意大利的16.33m^2/人。

表1　2007—2016年我国桃面积及在世界上所处的地位（万hm^2）

年份	2007	2008	2009	2010	2011	2012	2013	2014	2015	2016
中国	69.70	69.51	70.33	73.00	76.50	77.00	76.82	80.18	83.06	83.88
世界	152.99	162.74	165.53	152.50	153.92	149.99	155.98	160.90	164.60	163.99
中国占世界（%）	45.56	42.71	42.49	47.87	49.70	51.34	49.25	49.83	50.46	51.15

注：数据来源于FAOSTAT。

2. 我国桃栽培布局如何？

据《中国农业统计资料》统计，中国有28个省（直辖市、自治区）种植桃树，其中山东、河北、河南、湖北、四川、江苏和陕西等地的经济栽培较多。目前我国桃主要栽培地区在华北、华东各省，较为集中的地区主要有北京的海淀区和平谷县，天津的蓟县，山东的蒙阴、肥城、益都和青岛，河南的商水和开封，河北的抚宁、遵化、深州和临漳，陕西的宝鸡和西安，甘肃的天水，四川的成都，辽宁的大连，浙江的奉化，上海的南汇，江苏的无锡和徐州。

图 1　桃果大丰收

3. 我国桃产量及在世界上所占的地位如何?

据 FAO 和中国种植业信息网水果数据库的统计资料，在世界上，我国的桃产量最多。我国桃总产量自 1988 年以来增长很快，尤其是从 2007 年至 2016 年我国桃面积基本呈稳定增长趋势，平均年增长率为 5.98%，截至 2016 年，我国桃总产量为 1 446.9 万 t，占世界桃总产量（2 497.6 万 t）的 57.93%（表 2）。从单位面积产量看，我国较低，仅 281.2kg/ 亩（1 亩 =666.7m²），远低于世界平均水平，仅相当于意大利和美国的 20%。

表 2　2007—2016 年我国桃产量及在世界上所处的地位（万 t）

年份	2007	2008	2009	2010	2011	2012	2013	2014	2015	2016
中国	905.2	953.4	1 004.0	1 080.0	1 150.0	1 200.0	1 195.1	1 290.3	1 366.8	1 446.9
世界	1 781.3	1 842.9	1 857.9	2 078.2	2 148.7	2 108.3	2 185.2	2 295.0	2 438.0	2 497.6
中国占世界（%）	50.8	51.7	54	51.97	53.5	56.9	54.69	56.22	56.06	57.93

注：数据来源于FAOSTAT。

4. 近年桃的国际贸易情况如何?

由于鲜桃不易贮运等特性，全球的贸易额不是很大，据FAO统计，2013年全世界鲜桃总出口额和出口量分别仅为25.38亿美元和188.39万t。但从总体上看，近十年全世界鲜桃的出口贸易发展还是较快的，出口情况虽然在个别年份有所回落，但大体上都处于上升趋势。

从出口流向上看，西班牙和意大利是全球鲜桃的主要出口国，而且西班牙的出口独占鳌头，2013年西班牙鲜桃的出口额达10.11亿美元，占全世界总出口额的39.83%；其次是意大利，2013年意大利鲜桃总出口额达到3.64亿美元，占世界总出口额的14.34%；美国、智利、希腊和法国的出口额相对较少，分别为1.8亿美元、1.2亿美元、1.1亿美元和1.0亿美元，各占全世界总出口额的7.09%、4.73%、4.33％和3.94%。

从进口来源上看，德国的进口比重较大， 2013年对鲜桃的进口额达到4.53亿美元，占世界总进口额（26.04亿美元）的17.40%；其次是俄罗斯，2013年对鲜桃的进口额达到3.18亿美元，占世界总进口额（26.04亿美元）的12.21%；其他对鲜桃的进口占有一定份额的国家有法国、英国和波兰，分别为2.42亿美元、1.55亿美元和1.0亿美元，各占世界总进口额的9.29%、5.95%和3.84％。

此外，鲜桃从贸易流向可以发现存在就近原则。如西班牙鲜桃的出口主要流向法国、德国、意大利、英国、荷兰和波兰等欧盟地区。

5. 近年我国桃的贸易情况如何?

我国是桃的生产大国，但不是贸易大国，80%以上的比例在国内鲜销，10％左右的比例用于加工，因此鲜桃的出口比例很小，但近些年发展速度较快。

据FAO统计，自2006年以来，我国鲜桃的出口额和出口量基本保持增长态势，2013年我国鲜桃的出口金额达到4 443.9万美元，占世界鲜桃出口总额的1.75％；出口量达到3.78万t，占世界鲜桃出口量的2.0％。

我国鲜桃在国际贸易中所占份额较小，但桃加工品的对外贸易却非常活跃。桃加工品是指用其他方法（无论是否添加糖和添加剂）制作或保藏的桃，包括桃脯、桃酱、桃汁、桃干和桃罐头等。2009年，我国桃加工品的出口量为

13.3 万 t，占世界桃加工品出口总量的 17.4%；桃加工品的出口额为 12 988.5 万美元，占世界桃加工品出口总额的 14.9%，出口数量与出口额均位居世界第二。中国的桃罐头主要出口到美国、日本、加拿大、泰国和俄罗斯，2009 年中国出口到这 5 个国家的金额占中国桃罐头出口总金额的 76.69%，分别为 32.37%、24.08%、8.72%、6.82% 和 4.71%，而且出口到美国和日本的比例远远大于其他国家，说明美国和日本是中国桃罐头的最主要市场。

6. 近年桃的加工与消费情况如何?

世界对于鲜桃的加工比例相对来说不是很高，大体处在 17% 左右，其中加工比例最高的是美国，加工比例达到 44% 左右；其次是土耳其，加工比例在 22% 左右；再次是欧盟 27 国，加工比例达到 20% 左右；中国的鲜桃加工比例相对较低，大体处在 13% 左右。世界对于鲜桃的加工一般是将其制成桃罐头，世界贸易量在 142 万 t 左右，平均出口价格 898 美元 /t。

全世界对于鲜桃的鲜食消费占总产量的 82% 左右，其中中国的鲜食消费所占的比例最大，占到 86% 左右；其次是欧盟 27 国，其鲜食消费占 77% 左右；土耳其和美国的鲜食消费分别占 73% 和 53% 左右。世界平均人均鲜桃的消费量约为 1.93kg，其中中国的人均消费量最大，人均消费量达到 6.33kg；其次是土耳其，人均消费量达到 5.28kg；再次是欧盟的 4.29kg/ 人。美国的人均消费量较低，约为 2.00%。

7. 我国桃生产上存在哪些主要问题?

（1）品种结构不合理，区域布局不当 一方面，早、中熟品种过分集中，特别是白肉、软溶质水蜜桃量偏大，集中上市造成销售困难，而早熟的蟠桃、硬肉桃、鲜食黄桃量较小，优质晚熟桃也供应不足；另一方面，南方一些桃区又片面地依随市场，不顾当地生态气候条件，盲目发展晚熟、极晚熟品种，造成栽培失败。

（2）良种繁育体系不健全，苗木市场混乱 虽然农业部在 1990 年 2 月就发布了《果树苗木种子管理暂行办法（试行）》，并且规定：凡从事果树种苗生产的单位或个人，应具备必要的技术力量和生产条件，报经县级以上（包括县级）农业行政部门审查、批准，颁发果树种苗生产许可证，方准生产。但实际上，苗木的生产、销售，甚至广告宣传都基本上处于一种完全放任和无监管状态，有些苗商，只要听说是新品种，也不管品种是否适应当地生态气候条件，不经试验，就随意推广，结果给生产上造成不可挽回的损失。还有些不法苗商，为了炒作所谓的“新”品种，把从国内外引进的品种，另取“别名”，蒙骗果农，一物多名、同名异物的现象比比皆是。育苗企业以个体或私营为主，私营企业和集体企业是我国供应苗木的主体企业，国有企业（或单位）是供应新品种苗木的主体单位。这些企业总体表现规模小、育苗数量少，缺乏严格的质量保证体系；有关砧木的应用缺乏系统的科学依据，培育砧木苗技术落后；苗木市场混乱，未形成有效的价格和约束机制，信息滞后无法预测并应对风险。果树是多年生作物，一旦果农种上了假冒伪劣种苗，往往是苦等 3 年（甚至更长时间），无法获取预期的收益，叫苦不迭。另外，劣质苗木泛滥，而且大多缺少产地检疫，或检疫流于形式，造成病虫害例如根腐病、根癌病、介壳虫等广泛传播和流行。

（3）管理粗放，单产与优质果率低 缺乏统一的操作规范，滥用农药和化肥现象十分常见。根据农业部的统计结果，我国近几年桃的总产量大体稳定在 600 万 t 左右，占世界总产量的 50% 左右，但是，单产只有世界平均单产的一半，而且优质果率不足 30%。

（4）产业化水平低，小生产和大市场矛盾突出，经济效益不理想 目前我国桃的生产虽然在少数地区出现了规模化、产业化生产的雏形，但总体上还处于分散的、一家一户的小农经济生产方式，生产和营销的组织化、专业化程度很低，小生产面对大市场，其结果是鲜果不能均衡应市，季节性供过于求或断档现象突出，极易造成生产的大起大落。生产的组织化程度低，产品难以有准确的市场定位，价格波动较大，容易误导果农。例如，安徽砀山县是全国有名的加工桃产区，黄桃罐头畅销国际市场，但由于原料黄桃的生产缺乏组织，果农被动地受制于市场，造成价格大起大落，殃及果农和加工厂双方。

（5）果品采后商品化处理落后 由于生产的组织形式落后，采后处理环节也十分薄弱，桃商品化处理程度较低，贮藏保鲜量很少，由于采后处理不当造成的损失很大；采后分级标准不规范，产品从树上采下后不经预冷、分级、包装等处理直接上市，果实良莠不齐，货架期短，不便于长途运销，也影响了经济效益的提高。

（6）深加工效益低，营销体系不健全，外销渠道不长 我国桃的深加工大体处在13%左右，且主要方向是桃罐头，产业链较短，难以发挥更高的价值。东南亚国家是我国桃外销的主要目标市场。中国虽然是世界第一产桃大国，不仅区位优势明显，而且价格优势突出，但是长期以来，东南亚市场一直被美国和日本占据，主要原因是我国桃生产的主体是一家一户的小生产者，不仅规模小，而且分散，缺乏果品营销实体和龙头企业，信息不灵，渠道不畅。

8. 针对我国桃生产上存在的主要问题，有哪些可持续发展对策?

（1）统筹规划全国桃产业的发展 发挥政府的宏观指导作用，规划全国桃产业的发展，调整桃的区域布局，支持最适宜区、适宜区桃的发展，逐步淘汰次适宜区、不适宜区的发展；以市场为导向，调整桃的种植品种结构，积极发展名、特、优、新品种，促进优势品种向优势区域集中，实现区域化布局、规模化生产。整合政府及社会各界相关的资金和项目，提高财政用于桃产业支出的比例，完善农业投入机制，确保农业投资的专项资金专款专用；进一步优化投资环境，利用优先贷款、减免税费等优惠政策，鼓励各种组织形式参与桃产业开发；逐步建立以政府投入为引导，企业和农民投入为主体，金融信贷与风险投资为支撑的多渠道、多元化、高效率的融资机制，同时，加强产销互动，发展观光旅游，延长产业链，提高产业整体竞争力。

（2）加强苗木繁育体系建设 苗木质量不仅直接影响定植成活率、桃园整齐度、投产年限，还影响桃园管理、生产成本、果品产量、品质及效益等，加强苗木质量管理是桃产业可持续发展的前提和保障。加强桃优良品种和砧木的选育及砧穗亲和性研究，以便尽快选出适宜生产的优良桃品种和砧木。形成有效的价格约束机制，保护新品种知识产权，规范市场秩序，以市场带动生产发展。

（3）加大科技力量投入，研发并推广标准化生产技术体系，完善农技推广体系 加大科技力量投入，进行新技术的研究与推广，包括研究提高产量与品质的关键技术，病虫害防治技术等，以省力、节本、增效为目标，为桃产业可持续高效发展提供技术支撑。选择基础条件好、规模大、带动能力强的区域，创建现代桃产业技术集成示范基地，引领全国桃产业提档升级；推行标准化生产模式，示范推广一批优质、丰产、安全、高效益的生产关键实用技术，扩大标准化实施的范围，实现整个产业的标准化生产。完善基层农业科技推广体系，加强农技推广人员的技术培训，提高农技推广部门的技术服务能力；改革农技推广服务组织的运行机制，充分调动农技人员的积极性。

（4）加快专业合作社和龙头企业发展 加快专业合作社和龙头企业发展是解决规模化、产业化程度低的重要途径。在坚持“依法、自愿、有偿”的前提下，加快土地向合作社社员流转，扩大合作社的经营规模，加强对专业合作社组织和龙头企业政策和资金支持，提升规模化、产业化发展，让水果专业合作社和龙头企业发挥桃产业化发展的带动作用。

（5）加强桃采后商品化处理与深加工技术的研究应用，建立健全市场信息体系 加强桃采后商品化处理的研究应用包括研发推广经济高效的桃保鲜剂、贮藏保鲜设施、冷链物流系统和分级包装标准与技术等，保持桃的优良品质，提高产品市场价值。加强桃采后深加工技术主要是对桃罐头、桃脯、桃酱、桃汁及桃干等制品进行研究，延伸桃产业链，提高产品的附加值。建立健全市场信息体系，加强信息网络建设，及时准确地向生产和经营者提供各种有关信息。

（6）整合农业科技教育资源，健全农民科技培训体系 整合农业科技教育资源，充分利用各大农业院校、科研院所和农业技术推广机构，建立并完善农民科技教育培训体系；针对生产过程中存在的实际问题，发放宣传资料，及时进行技术指导，提高果农生产管理水平；建立固定的技术培训中心，定期开展技术培训。

（7）加强灾害预警机制建设，提高防灾减灾和抗风险能力 充分利用现有的技术资源和设备，加强灾害监测能力，及时发布灾害预警信息，畅通信息传播渠道；改造升级落后的基础设施，提高抵御自然灾害的能力；有针对性地开展防灾减灾知识宣传，积极组织果农开展灾害模拟训练，提高应对突发灾害的能力；建立相关行业的应急管理部门，完善灾害应急预案，组织协调行业与政府各部门的关系，提高桃产业的应急管理能力；健全桃产业生产和信息监测体系，完善相关供求和价格信息发布制度，增强市场信息服务水平，提高抗市场风险能力。

二、桃安全生产要求

1. 我国桃的安全生产状况如何?

目前，我国人民生活水平逐年提高，桃生产也从过去追求数量效益型向质量型转变。“民以食为天，食以安为先”，鲜桃质量安全关系到广大人民群众的身体健康，关系到我国的经济发展和社会稳定。近年来，由于化肥农药污染、大气污染、水体污染、土壤污染、人为操作污染等原因造成生态环境的急剧恶化，食用受到农药严重污染的水果而造成的急性中毒事件屡有发生，所以桃的食用安全问题愈来愈引起我国的高度重视。

2. 如何实现我国桃的安全生产?

要实现桃的安全生产，必须首先了解桃的生产全过程，对桃生产的全过程进行分析和监控，对降低农业环境负荷等具有重要意义，有利于提高桃质量和市场竞争力。全程质量监控体系的建立，对生产技术体系的研制和对化学污染的治理以及控制措施的制定，具有重大的经济、社会和生态效益，可为社会提供优质安全桃产品，从而保证消费者的健康。

3. 如何实现我国桃的绿色生产?

自从我国加入 WTO 以后，限制水果出口的最大障碍就是质量、安全水平，当然桃也不例外。要实现桃的绿色生产，必须向广大种植者普及《绿色食品·鲜桃》（NY/T 424—2000）的生产要求。

要生产绿色果品桃，首先产地环境要符合绿色食品生产要求，主要排除肥料污染和农药污染；其次要有符合产地环境下的生产关键技术，主要是肥水管理和病虫害防治，要采用农业防治、物理防治和生物防治相结合的方式。上述条件符合之后，生产绿色果品桃不成问题。

4. 如何实现我国桃的有机生产？

近年来，有机农业作为农业可持续发展的模式已越来越得到人们的广泛接受，有机农产品也随着人们生活水平的日益提高而备受青睐。有机桃是指根据国际有机农业标准进行生产并通过独立的有机食品认证机构认证的桃果品。

要实现桃的有机生产必须以DB11/T 684—2009《有机食品桃生产技术规程》为依据，严格按照操作规程进行生产管理。桃的有机生产通过生产系统内部物质的循环利用，包括作物轮作、秸秆还田、施用绿肥和有机肥等措施，使土壤有机质和氮磷钾含量得到有效提高和转化。为确保实现桃的有机生产，除产地环境要符合条件以外，生产技术也必须采取各项农业防治技术，减少留果量，合理负载，增强树势，调节光照，提高抗逆性。桃的质量要求根据不同的品种而定。所有的桃果都要求做到果形端正、颜色均匀、无机械损伤、无病虫伤口。经权威检测机构检测无任何化学残留物，各项物理、化学指标都符合有机桃的质量要求，产品包装也要符合有机桃规定的标准。

无公害农产品标志

绿色食品标志

有机食品标志

图2　无公害农产品、绿色食品、有机食品标志

三、桃品种与抗性砧木选择

1. 在桃的省工、简化、速丰、优质、高效生产中如何选择品种?

在省工、简化、速丰桃生产过程中，品种的选择与配置十分重要，常遵循如下原则:

(1) 露地栽培 ①选择干性强、枝条开张角度大的品种或利用砧木，以利于主干形整形、便于机械化作业。中国农业科学院果树研究所经过多年研究，筛选和培育出中农寒桃 1 号、中选 2 号、中选 3 号、桃王、五月鲜和朝阳蜜桃等干性强、枝条开张角度大、利于主干形整形、便于机械化作业的品种。②选择果个大小适宜、外观美、品质佳、适应性强、不裂果、耐贮运、货架期长的优良品种作为主栽品种。③注意早、中、晚熟期搭配，避免因成熟期过分集中造成果品积压，运销困难。不同成熟期品种的选配比例要根据市场需求和品种的状况而确定。④注意增加花色品种，克服品种单一化问题，提高市场竞争力。⑤选择生态适应性广、抗病性和抗逆性强（如抗寒）的品种。

(2) 设施栽培 ①选择需冷量和需热量低、耐弱光、果实发育期短的早熟或特早熟品种，以用于促早栽培；选择果实发育期长的晚熟或极晚熟品种，以用于延迟栽培。②选择花芽容易形成、坐果率高的早实丰产品种，以利于提高产量和早期丰产。③选择生长势中庸的品种或利用矮化砧木，以易于调控，适于密植。④选择果实大小适宜、整齐度好、质优、色艳和耐贮的品种，并且注意增加花色品种，克服品种单一化问题，以提高市场竞争力。⑤选择生态适应性广，并且抗病性和抗逆性强的品种，以利于生产无公害果品。⑥在同一棚室定植品种时，应选择同一品种或成熟期基本一致的品种，以便统一管理，需配置授粉树的应严格搭配；而不同棚室在选择品种时，可适当搭配，做到早、中、晚熟配套，花色齐全。

2. 在桃的省工、简化、速丰、优质、高效生产中主要有哪些优良品种？

（1）春雪（见彩图1） 山东省果树研究所从美国引进，需冷量700～800h。果实发育期65d左右；果实圆形，果顶尖圆，平均单果重150g；果皮血红色，底色白色；肉质硬脆，风味甜，含糖13%左右；核小、扁平、棕色，果肉纤维少。自花结实，坐果率高，需严格疏花疏果。果实硬度大，耐运输，成熟后在树上挂果时间长。较耐高温、高湿和弱光等，适宜露地与设施栽培。

（2）春捷（见彩图2） 山东农业大学园艺学院从美国引进，需冷量120h左右。果实发育期80d左右；果实圆形，果顶尖圆；平均单果重164g，最大单果重385g；果面全红，外观艳丽美观，风味独特，兼具鲜桃和鲜杏双重风味；品质中上，特耐贮运。商品价值较高，自花结实，适应性及抗逆性强，对温室弱光及高湿条件有较强适应性。适宜设施栽培。

（3）春蜜（见彩图3） 中国农业科学院郑州果树研究所最新育成。果实发育期65d左右；果实近圆形，平均单果重150g，大果205g以上；果皮底色乳白，成熟后整个果面着鲜红色，艳丽美观；果肉白色，肉质细，硬溶质，风味浓甜，可溶性固形物11%～12%，品质优；核硬，不裂果。成熟后不易变软，耐贮运。自花结实力强，极丰产。适合露地与设施栽培。

（4）金辉（见彩图4） 中国农业科学院郑州果树研究所育成，需冷量650h左右。果实发育期80d左右。树势中强，树姿半开张，成花容易，自花结实率高，长、中、短果枝均可结果。果实卵圆形，平均单果重135.8g，大果重186.4g；果皮底色黄色，果面80%以上着鲜红色；果肉黄色，肉质致密，汁液中多，可溶性固形物11.31%，可滴定酸0.399%，味甜，品质上等；果实较耐贮。适合露地与设施栽培。

（5）中油4号（见彩图5） 中国农业科学院郑州果树研究所选育而成，需冷量650h左右。树势中庸，树姿半开张，发枝力和成枝力中等，各类果枝均能结果，以中、短果枝结果为主。果实发育期80d；果实椭圆至卵圆形，平均果重148g；果顶尖圆，缝合线浅；果皮底色黄，全面着鲜红色，果皮难剥离；果肉橙黄色，硬溶质，肉质较细；风味甜，可溶性固形物12%，黏核。自花结实能力强，极丰产。适合露地与设施栽培。

（6）中油5号（见彩图6）　中国农业科学院郑州果树研究所选育而成，需冷量700h左右。树势强健，树姿较直立，萌芽力及成枝力均强，各类果枝均能结果，但以长、中果枝结果为主。果实发育期70d左右。果实短椭圆形或近圆形，平均果重166g；果顶圆，偶有突尖，缝合线浅，两半部稍不对称；果皮底色绿白，大部分着玫瑰红色；果肉白色，硬溶质，果肉致密，风味甜，可溶性固形物11%，黏核。自花结实能力强，极丰产。适合露地与设施栽培。

（7）中油9号（见彩图7）　中国农业科学院郑州果树研究所选育而成，需冷量650h左右。树势健壮，树姿半开张。萌芽率中等，成枝力较强。结果枝粗壮，中庸枝坐果较好。果实发育期60d左右。果实大型，平均单果重170～210g，最大可达300g以上；果实圆形，果顶微凹，缝合线中深，两半边较对称；果皮底色绿白，成熟后80%以上果面着玫瑰红色，较美观；果肉白色，八九成熟时脆硬，完熟后稍软，汁多，风味甜，可溶性固形物10%～12%，品质优。黏核，无裂核发生。自花结实率中等，丰产性中，设施栽培坐果率较好。

（8）中油12号（见彩图8）　中国农业科学院郑州果树研究所选育而成，需冷量600h左右。果实发育期60d左右；平均单果重126g，最大果重180～220g；果肉白色，果面浓红，风味浓甜；自花结实，极丰产。

（9）早红宝石（见彩图9）　中国农业科学院郑州果树研究所育成，需冷量700h左右。果实发育期65d左右。果实近圆形，平均单果重98.5g，大果重152g；果顶凹，缝合线浅而明显；果面底色乳黄，全面着鲜艳宝石红色，有光泽，外观美；果肉黄色，采收时肉质细脆，黏核，完熟后果肉柔软多汁，风味浓甜，香气浓；可溶性固形物含量11%～13%，不裂果，较耐贮运。早果性强，坐果率高，丰产性好。各类果枝均结果良好，以中长果枝结果为主。适合设施栽培。

（10）早露蟠桃（见彩图10）　北京市农林科学院林果研究所育成，需冷量900h左右。树姿开张，树势中庸；各类果枝均能结果，花粉量多。果实发育期70d左右；果实中等大，平均单果重68g，最大95g；果形扁平；果皮底色乳黄，果面50%覆盖红晕，茸毛中等；果肉乳白色，近核处微红；硬溶质，肉质细，微香，味甜，可溶性固形物9.0%，黏核，核小，果实可食率高，裂核极少。早露蟠桃是早熟优良蟠桃新品种，适合露地与设施栽培。

（11）金硕（见彩图11）　中国农业科学院郑州果树研究所育成，是一个早熟的优良黄肉油桃品种，果实发育期85d左右，在郑州地区6月25日左右成熟。平均单果重206g，大果297g；果实底色黄，果面80%以上着明亮鲜红色，十分美观，皮不能剥离；果肉橙黄色，肉质为硬溶质，耐运输；汁液多，纤维中等；果实风味甜，可溶性固形物含量12%，有香味，黏核。需冷量550h。

（12）春美（见彩图12） 中国农业科学院郑州果树研究所育成，原代号99-21-9，是早熟、全红型、白肉品种。果实圆，外观美，果大型，单果重165～188g，大果310g以上。果皮底色乳白，成熟后整个果面着鲜红色，艳丽美观；果肉白色，肉质细，硬溶质，风味浓甜，可溶性固形物12%～14%，品质优；核硬，不裂果；成熟后不易变软，耐贮运。果实发育期80d左右，郑州地区6月10日左右成熟。有花粉，自花结实，不需配置授粉品种，丰产稳产。

（13）突围（见彩图13） 平均果重180g，最大400g；果实圆形，果顶圆；果皮血红色，肉质硬脆，风味浓甜，含糖13%左右；需冷量低；果实发育期约80d；自花授粉，花粉量大，极丰产；适宜露地与设施栽培。

（14）青州冬雪蜜桃（见彩图14） 冬雪蜜桃是1986年从青州蜜桃中通过实生选育培育而成的极晚熟优良品种，具有成熟期极晚、贮藏期极长（贮至元旦、春节）、适应性广、丰产性强、品质极佳等四大独特优点。果小型，平均单果重89g，大果重155g。严格疏果时，平均单果重可达122g。果实圆形，顶部平，梗洼狭、较深，缝合线较明显；果皮底色黄绿，向阳面有红彩；果肉乳白色到乳黄色，初采下时肉质细而硬脆，汁液少；经贮藏1～2个月后，肉软多汁，半黏核，味甜，清香，含可溶性固形物达17%以上，品质佳。极耐贮运，普通室内土法贮存50d左右，基本保持原有风味；恒温气调贮存可达80d以上。在青州当地条件下，3月下旬萌动，4月上旬开花，花期7～8天，果实发育210d左右，于11月上、中旬成熟，落叶期11月中、下旬。适应性强，抗旱，宜山坡、丘陵地栽种，但后期久旱遇雨易裂果。平原地多水条件下，果实表面易生黑霉，影响外观。自花结实，丰产。适于延迟栽培。

（15）中农寒桃1号（见彩图15） 中国农业科学院果树研究所育成。辽宁兴城地区4月下旬盛花，7月中下旬成熟，果实发育期80～90d。平均单果重288g，最大单果重366g，半黏核，酸甜适口，可溶性固形物11%～12%，口感微酸。果实底色白色，阳面红色，外观艳丽。果实成熟后，果肉从外向内变红。抗寒性强，在沈阳地区种植正常年份可安全越冬。适于露地与设施栽培。

（16）中选2号（见彩图16） 中国农业科学院果树研究所育成。辽宁兴城地区4月下旬盛花，8月底9月初成熟，果实发育期120～130d。平均单果重248.6g，最大单果重266g，半黏核，可溶性固形物13%～14.5%，口感脆甜。果实阳面红色，外观艳丽。抗寒性强，在沈阳地区种植正常年份可安全越冬。干性强，利于主干形整形，便于机械化作业。

（17）中选3号（见彩图17） 中国农业科学院果树研究所从朝阳水蜜中筛选出的优株。辽宁兴城地区4月下旬盛花，8月底9月初成熟，果实发育期120～130d。平均单果重396.7g，最大单果重447.8g，离核，可溶性固形物11%～12%。果实阳面红色，外观艳丽。抗寒性强，在沈阳地区种植正常年份可安全越冬。干性强，利于主干形整形，便于机械化作业。

3. 在桃的省工、简化、速丰、优质、高效生产中抗性砧木的作用如何？

多数李属植物都可用作桃的砧木，如毛桃、山桃、甘肃桃、新疆桃、毛樱桃、李、扁桃和杏等，其中常用砧木有毛桃、山桃、新疆桃和甘肃桃等，以毛桃和山桃占多数。砧穗组合的合理选择是实现桃优质高产的基础，砧木对桃的影响通常表现在桃的生长、结果、产量、品质及生理生化特性、适应性和抗逆性等各个方面。

（1）选用抗性砧木可提高桃对环境的适应性，增强桃对病虫害的抵御能力 例如选择甘肃桃作为砧木，能提高桃抗根结线虫的能力。又如国外研究再植桃的试验时发现，无论土壤消毒与否，以GF667作为桃树砧木时，树体生长发育最佳，产量也高。

（2）砧穗组合调控着桃树的生长发育及果实的品质 据报道，砧木的矮化效应极大地影响了桃果实的大小与色泽，矮化效应与平均单果重呈负相关，矮化砧木降低了树冠高度，内部光照得以改善，促进了色素物质形成，果实能充分着色，也加速了糖、可溶性固形物等的积累。例如中国农业科学院果树研究所从山桃中筛选出的中砧系列，具有一定的矮化效应，嫁接春雪桃后能显著提高春雪桃的干性，使枝条开张角度增加，显著促进春雪桃的花芽分化提高果实品质。

（3）果实的质地、风味和营养品质也因砧木有所不同 如砧木能改变桃的酚类物质和抗氧化能力，从而抑制酚类氧化导致的褐变。

（4）砧木还能影响果实的成熟期、硬度及对矿物质元素的吸收 随着技术的进步、工厂化育苗等技术的成熟，专用砧木在我国也将会逐渐取代现有砧木。

4. 在桃的省工、简化、速丰、优质、高效生产中主要有哪些抗性砧木？

（1）山桃（见彩图18） 别名花桃、山桃仁，蔷薇科，梅属（樱属、李属），原产中国黄河流域，分布于华北、西北及东北部。野生，有红花、白花、光叶三种类型，为北方桃的主要砧木。落叶小乔木，高达10m。树皮紫褐色而有光泽，呈古铜色树干，叶狭卵状披针形，叶色葱绿，花艳丽可观，根系发达，水平根展达10m，主根深达6m，枝叶繁茂，寿命长达40年以上。性喜光，要求通风良好，喜排水良好，土壤水分保持在60%～70%为好。抗寒，耐旱，耐盐碱，耐瘠薄，但不耐涝。适应性强，病虫害少，有曲枝、白花、柱形等变异类型。生长迅速，长势旺盛。嫁接亲和力中等，华东、华北一般可露地过冬，用山桃作为砧木嫁接可以提高抗逆性和适应能力，并且繁殖速度快、质量高。

（2）光核桃 别名毛桃、康卜。属蔷薇科桃属，分布在四川、云南、西藏等地。落叶小乔木，高4～10m；枝条细长，开展，无毛，嫩枝绿色，老时灰褐色，具紫褐色小皮孔。叶片披针形或卵状披针形，叶柄长8～15mm，无毛，常具紫红色扁平腺体。花单生或2朵并生，直径2.2～3cm；花梗长1～3mm；萼筒钟形，紫褐色，无毛；萼片卵形或长卵形，紫绿色，先端圆钝，无毛或边缘微具长柔毛；花瓣宽倒卵形，长1～1.5mm，先端微凹，粉红色；雄蕊多数，比花瓣短得多；子房密被柔毛，花柱长于或几与雄蕊等长。果实近球形，直径3～4cm，肉质，不开裂，外面密被柔毛；果梗长4～5mm；核扁卵圆形，长约2cm，两侧稍压扁，顶端急尖，基部近截形，稍偏斜，表面光滑，仅于背面和腹面具少数不明显纵向浅沟纹。花期3～4月，果期8～9月。适应性强，耐干旱，喜光，在生长环境优越的地方生长迅速。中国特有植物。生于山坡杂木林中或山谷沟边，多生于海拔2 600～4 000m的针阔混交林中或山坡林缘。早春先于叶开花，在藏东南经常形成排云傲雪的景观。

（3）甘肃桃 又名毛桃、山毛桃，产区群众也叫水桃、酸桃、碎桃（小桃），为桃亚属中6个植物种之一，仅分布于甘肃、陕西两省局部地区。落叶小乔木或灌木，根系发达，须根特多。主干粗糙，老皮灰褐色，2～4年生小枝上有灰白色网纹，新梢绿色，向阳面呈浅紫红色，光滑无毛，叶片呈长圆状披针形或披针形，叶面深绿色，无毛，叶背颜色较浅。近茎部中脉有柔毛，叶柄无毛，蜜腺1～3个，肾脏形，绿或红。花单生，先叶开放，花梗极短，萼筒紫红色，光滑无毛。果实球形。果核褐色，纹面有倾斜沟纹，而无孔纹，是其主要特征之一。种壳较厚，层积出苗率低。适应性很广，对土壤要求不严格，沙土、壤土、黏土、沙砾上均可生长。有很强的抗虫能力，特别是抗桃瘤蚜和根结线虫。是一种抗寒、抗旱、抗虫价值很高的种质资源。国外已用于抗旱和抗寒育种和做抗桃线虫砧木。

（4）新疆桃 我国新疆栽培。俄罗斯中亚地区也大量栽植。因本种果实不耐运输，主要作为地方品种生产。乔木，高达8m；枝条红褐色，有光泽，无毛，具多数皮孔；冬芽2～3个簇生于叶腋，被短柔毛。叶片披针形，长7～15cm，宽2～3cm，先端渐尖，基部宽楔形至圆形，上面无毛，下面在脉腋间具稀疏柔毛，叶边锯齿顶端有小腺体，侧脉12～14对，离开主脉后即弧形上升，直达叶缘，在叶边逐渐相互接近，但不彼此结合，网脉不明显，叶柄粗壮，长5～20mm，具2～8个腺体。花单生，直径3～4cm，先于叶开放；花梗很短；萼筒钟形，外面绿色而具浅红色斑点；萼片卵形或卵状长圆形，外被短柔毛；花瓣近圆形至长圆形，直径15～17mm，粉红色；雄蕊多数，几与雌蕊等长；子房被短柔毛。果实扁圆形或近圆形，长3.5～6cm，外被短柔毛，极稀无毛，绿白色，稀金黄色，有时具浅红色晕；果肉多汁，酸甜，有香味，离核，成熟时不开裂；核球形、扁球形或宽椭圆形，长1.7～3.5cm，两侧扁平，顶端长渐尖头，基部近截形，表面具纵向平行沟纹和极稀疏的小孔穴；种仁味苦或微甜。花期3～4月，果期8月。

（5）毛樱桃（见彩图19） 也叫小樱桃、山豆子。是我国东北、华北原产的桃李属樱桃亚属的灌木型野生果树。果梗极短，叶圆而小，茸毛较多，果实表面也有茸毛。嫁接成活率高，嫁接亲和力良好，有大小脚现象，具有明显的促花作用，可使桃树当年成花，翌年结果，3年丰产，比毛桃砧提早1～2年进入丰产期，使桃果提早成熟4～6d，并能提高果实品质。用它做砧木具有明显的矮化、早实和早熟性，并且具有抗寒、耐旱、耐瘠薄能力。在盐碱地上能克服桃黄叶现象，结果早，早丰产，徒长轻，长势缓和，发育充实。是目前设施栽培桃树的理想砧木。

（6）山杏（见彩图 20） 又称蒙古杏。蔷薇科杏属。分布于华北、东北和西北地区。灌木或小乔木，高可达 8m。枝、芽、树皮各部像杏树，但小枝多刺状。叶宽椭圆形至宽圆形，先端渐尖或尾尖，基部宽楔形或楔形，较一般栽培的杏树形小而叶长，两面无毛或在背面脉腋间有簇毛。花多两朵生于一芽，梗短或近于无梗；花萼圆筒形，萼片卵圆形或椭圆形，紫红褐色；花瓣近圆形，粉白色。果近球形，果肉熟时橙黄色，肉质薄，多纤维，核扁圆形或扁卵形，边缘平薄；果熟期 6 ～ 7 月。嫁接亲和力强，嫁接树生长旺盛，寿命长，不萌发根蘖，抗寒、抗旱、耐瘠薄，对各种不同的土壤条件适应性广泛，具有一定的矮化作用，早果、丰产性好，但不耐涝，嫁接部位过高时有“小脚”现象。

（7）筑波 4、5、6 号系列品种（见彩图 21） 优良的日本桃砧木品种，1988 年引入。树势中等，叶色深红，雨季老叶带绿色，花粉红色，根系发达，须根多。果实苦涩，无实用价值，离核，产量高。嫁接亲和力强，成活率高，嫁接后，苗木木质化程度高，成苗可形成很多花芽。红叶，对于春季除萌特别方便，并可快速判断苗木的成活情况。抗盐能力比普通毛桃强。抗涝能力强，一年生实生苗可抗 2 周以上的水淹。适于在雨量较多或土壤黏性较大的地区使用。

（8）西伯利亚 C 加拿大农业试验站 1967 年育成，为中国北方桃自然授粉后代。树体开张，树冠小，开花早，早果丰产。秋季落叶早。果实近圆形，果皮底色黄白，果实表面着二分之一红色，果实较小，白肉，可食，风味酸甜适中，离核。萌芽早，出苗整齐，当年苗木质化比普通砧木早 2 年以上，可以提早嫁接。砧穗亲和力强，成活率高，可使接穗品种提前落叶，提前起苗，从而避免一些病虫在苗圃中侵染苗木，同时抗春季晚霜，可提高接穗品种的耐寒力。适宜我国北方地区建立丰产密植园使用。

四、高标准建园

1. 桃园建园前如何选择园地?

1）最好选择土层深厚、质地良好、便于排灌的肥沃沙壤土地块建园，切忌在重盐碱地、低洼地和地下水位高及种植过桃、李、杏和樱桃等核果类的重茬地建园。

2）应选离水源、电源和公路等较近，交通运输便利的地块建园，以便于管理与运输，但不能离交通干线过近。

3)在选择园地时,除考虑上述因素外,还要考虑如下因素: ①为了利于采光，建园地块要南面开阔、干燥向阳、无遮阴且平坦；②为了减少温室或塑料大棚覆盖层的散热和风压对结构的影响，要选择避风地带，冬季有季风的地方，最好选在上风向有丘陵、山地、防风林或高大建筑物等挡风的地方，但这些地方又往往形成风口或积雪过大，必须事先调查。另外，要求园地四周不能有障碍物，以利于高温季节通风换气，促进作物的光合作用。③为使温室或塑料大棚的基础牢固，要选择地基土质坚实的地方，避开土质松软的地方，以防为加大基础或加固地基而增加造价。④在山区，可在丘陵或坡地背风向阳的南坡梯田构建温室，并直接借助梯田后坡作为温室后墙，这样不仅节约建材，降低温室建造成本，而且温室保温效果良好，经济耐用。⑤避免在污染源的下风向建园，以减少对薄膜的污染和积尘。

2. 桃园建园前如何进行园地改良?

土壤改良是桃树栽培的重要环节，直接影响到桃树的产量和品质，因此必须加大建园前的土壤改良力度，尤其是土壤黏板、过沙或低洼阴湿地块。针对不同的土壤质地，应施以不同的改良方法，如黏板地应采取黏土掺沙、底层通透等方法改良，过沙土壤应采取沙土混泥或薄膜限根的方法改良。

土壤改良的中心环节是增施有机肥，提高土壤有机质含量。有机质含量高的疏松土壤，不仅有利于桃树根系生长，尤其是有利于桃树吸收根的发生，而且能吸收更多的太阳辐射能，使地温回升快且稳定，对桃树的生长发育产生诸多有利影响。一般于定植前，每亩施入优质腐熟有机肥 5 000 ～ 10 000kg 并混加 500kg 商品生物有机肥，使肥土混匀。

图3　农家肥

图4　生物有机肥

3. 在桃的省工、简化、速丰、优质、高效生产中限根栽培是怎么回事？

调控树体生长发育节奏、维持良好的树体结构与适宜的树冠大小、改善通风透光条件一直是桃树高产优质的重要保证。根系是决定桃树生长发育的主体器官，通过调节桃树根系的分布、类型及生长节奏，可以较好地控制地上部的生长发育。为此，桃树生产中提出了限根栽培技术。

限根栽培是指将根系限制在一定范围内，改变其体积、数量、结构与分布，以优化根系功能，从而调节整个植株功能，实现高产高效优质的一项技术。限根栽培有利于控制桃树新梢旺长，促进桃树的生殖生长。目前常用的限根栽培技术主要有起垄限根和薄膜限根两种形式。

4. 在桃的省工、简化、速丰、优质、高效生产中起垄限根技术有哪些要点？

（1）起垄时间　起垄一般在秋季进行，因为这一时期起垄深翻土地，对

图5　起垄限根定植技术

土地进行改良等能够经过一段时间，在栽培时能取得更好的效果。

（2）具体操作　起垄之前，首先在土地表面撒施一层腐熟优质有机肥（5～10m³/亩）和商品生物有机肥（500～1 000kg/亩），然后深翻土地，深度40cm，随后起垄。首先按适宜行向和株行距开挖定植沟，定植沟一般宽80～100cm，深40cm。定植沟挖完后首先回填30～40cm厚的秸秆杂草（压实后形成约20cm厚的草垫），然后将行间土回填起垄，一般垄宽80～100cm，垄高30～50cm。垄中心的间距因桃树定植行距确定，设施栽培一般2m，露地栽培一般4～6m。为提高工作效率，可用起垄机代替人力进行起垄。

（3）应用范围　目前，起垄限根定植技术主要在设施栽培中应用，也适宜在降水充足或过多地区的露地栽培中应用，但降水较少的干旱地区和冬季过于寒冷的地区的露地栽培中不能应用起垄限根定植技术。

（4）优缺点　①起垄定植技术使土层厚度增加，土壤透气性大幅度提高，根系发达，利于桃树由营养生长向生殖生长转化，比常规栽植能提早2～3年进入盛果期，单果重、色泽、含糖量等果实品质指标均明显改观。②起垄定植技术使果园通风透光条件有所改善。③起垄定植技术减少了地下操作管理，减少了大根损伤，树体生长健壮，病害发生较轻，减少了农药的施用，有利于无公害果品的生产。③在设施桃促早栽培升温时利于地温快速回升，使地温和气温协调一致。中国农业科学院果树研究所在辽宁兴城设施果树试验示范园测试结果表明：升温30d后，起垄栽培20cm深土壤温度比常规对照栽培20cm深土壤温度高 1.5 ～ 3℃。④桃树采用起垄定植技术后枝组易早衰，注意枝组的更新复壮。

（5）注意事项 采用起垄定植技术后，起垄限根定植技术提倡配套采用滴灌或微喷灌节水灌溉技术，沿每行铺设一条滴灌或微喷灌管带。若无滴灌条件，可在垄面边缘处挖沟进行沟灌。秋施基肥时将沟灌沟挖开，施土杂肥后再整修好。

5. 对于已建桃园，如何采取起垄限根技术？

对于已建桃园，起垄前撒施充足的优质有机肥后浅松土，在行间挖沟，挖出的土铺在树冠下，逐年把平栽改为垄栽。达到垄宽 1 ～ 1.5m，垄高 30 ～ 40cm。不要把树的根颈部培土过深，以防影响桃树正常生长，引起根颈部染病。可把树干基部 20 ～ 30cm 范围内培成漏斗状，并向外留一排水沟。

6. 在桃的省工、简化、速丰、优质、高效生产中薄膜限根技术有哪些要点？

该限根模式适于降水较少的干旱地区或漏肥漏水严重地区或地下水位过高地区。

（1）降水较少干旱地区的露地栽培 在定植前，按适宜行向和株行距开挖定植沟，定植沟一般宽 100 ～ 120cm，深 80 ～ 100cm。定植沟挖完后首先于沟底和两侧壁铺垫塑料薄膜，然后回填 20 ～ 30cm 厚的秸秆杂草（压实后形成约 20cm 厚的草垫），再将腐熟有机肥和商品生物有机肥与土混匀回填至与地表平，有机肥用量（5 ～ 10）m^3/ 亩（农家肥）+（500 ～ 1 000）kg/ 亩（商品生物有机肥），灌水沉实形成 20 ～ 30cm 的定植沟，桃苗采取浅沟定植，便于

图6　塑料薄膜限根定植技术

集雨灌溉。

（2）降水较少干旱地区、漏肥漏水严重地区、地下水位过高地区的设施栽培和漏肥漏水严重地区、地下水位过高地区的露地栽培 起垄限根和薄膜限根两种定植技术混合采用。在定植前，按适宜行向和株行距开挖定植沟，定植沟一般宽100～120cm，深30～40cm。定植沟挖完后首先于沟底和两侧壁铺垫塑料薄膜，然后回填20～30cm厚的秸秆杂草（压实后形成约20cm厚的草垫），再将腐熟有机肥与土混匀回填至与地表平，有机肥用量5～10m^3/亩，灌水沉实，再将表土与500～1 000kg/亩商品生物有机肥混匀起40～50cm高、80～100cm宽的定植垄。

7. 桃园建园时如何确定栽植方式？

栽植方式因生态气候、地形、栽植模式不同而异。

（1）地下水位高的南方平原地区或盐碱滩涂地区 一般采用深沟（排水）起高垄的定植技术，借以降低水位，以利于淋盐洗碱，改良土壤。

（2）丘陵山区 为了控制水土流失，一般需采用修筑梯田或鱼鳞坑等高种植。

（3）内陆平原少雨干旱地区 因降水少，地下水位低，种植时多为定植畦或沟，既利蓄水，也便浇灌。

（4）设施栽培 一般采用起垄定植或起垄薄膜限根定植方式。

8. 桃园建园时如何确定行向和栽植密度？

（1）行向 以南北行向为宜，因为南北行向比东西行向受光更为均匀。

（2）栽植密度 桃树的栽植密度可以根据品种、树势、土壤质地、栽培模式（露地或设施）、树形等因素灵活掌握，在确定栽植密度时一定要考虑行间作业道的预留，以便于机械化作业，提高工作效率，真正实现桃的省工、简化栽培。通常南方栽植密度应比北方低，平地比山地低，树势强的品种比树势中庸或偏弱的品种低，露地栽培比设施栽培低，无干树形（开心形、V形等）比有干树形（主干形、纺锤形等）低。①设施栽培：一般采用主干形或V形（靠近设施边缘采用V形），株行距以1.0m×（2.0～2.5）m为宜，该栽培密度既能保证产量又能留有一定宽度的作业道便于操作。②露地栽培：采用二主枝自然开心形即 V 形，株行距一般采用 2m×4m；采用三主枝自然开心形，要适当加大株行距，一般采用（3 ～ 4）m×（4 ～ 5）m；如果使用圆柱形、主干形等有干树形，栽植密度可以更高，一般采用 2m×（3 ～ 4）m。合理的栽植密度都是为了便于机械化管理。

9. 桃园建园时如何选择苗木？

苗木质量好坏直接影响到桃树栽培的经济效益和成功与否，因此桃树建园一定要选择健康无病优质健壮苗木，苗木质量标准见表 3、表 4。

表3　2011 年我国 7 个苹果主产省排名

<table>
<tr><th colspan="4" rowspan="2">项目</th><th colspan="3">级别</th></tr>
<tr><th>一级</th><th>二级</th><th>三级</th></tr>
<tr><td colspan="4">品种与砧木</td><td colspan="3">纯度≥ 95%</td></tr>
<tr><td rowspan="7">根</td><td rowspan="3">侧根数量 / 条</td><td rowspan="2">实生砧</td><td>毛桃、新疆桃、光核桃</td><td>≥ 5</td><td>≥ 4</td><td>≥ 4</td></tr>
<tr><td>山桃、甘肃桃</td><td>≥ 4</td><td>≥ 3</td><td>≥ 3</td></tr>
<tr><td colspan="2">营养砧</td><td>≥ 4</td><td>≥ 3</td><td>≥ 3</td></tr>
<tr><td colspan="3">侧根粗度 /cm</td><td>≥ 0.5</td><td>≥ 0.4</td><td>≥ 0.3</td></tr>
<tr><td colspan="3">侧根长度 /cm</td><td colspan="3">≥ 15</td></tr>
<tr><td colspan="3">侧根分布</td><td colspan="3">均匀，舒展而不卷曲</td></tr>
<tr><td colspan="3">病虫害</td><td colspan="3">无根癌病和根结线虫病</td></tr>
<tr><td colspan="4">砧段长度 /cm</td><td colspan="3">5 ~ 10</td></tr>
<tr><td colspan="4">苗木高度 /cm</td><td>≥ 90</td><td>≥ 80</td><td>≥ 70</td></tr>
<tr><td colspan="4">苗木粗度 /cm</td><td>≥ 0.8</td><td>≥ 0.6</td><td>≥ 0.5</td></tr>
<tr><td colspan="4">茎倾斜度 /°</td><td colspan="3">≤ 15</td></tr>
<tr><td colspan="4">根皮与茎皮 /cm^2</td><td colspan="3">无干缩皱皮和新损伤处，老损伤处总面积≤ 1.0</td></tr>
<tr><td colspan="4">枝干病虫害</td><td colspan="3">无介壳虫</td></tr>
<tr><td rowspan="3">芽</td><td colspan="3">整形带内饱满叶芽数 / 个</td><td>≥ 6</td><td>≥ 5</td><td>≥ 5</td></tr>
<tr><td colspan="3">结合部愈合程度</td><td colspan="3">愈合良好</td></tr>
<tr><td colspan="3">砧桩处理与愈合程度</td><td colspan="3">砧桩剪除，剪口环状愈合或完全愈合</td></tr>
</table>

表4　桃二年生苗质量标准（GB 19175—2003）

<table>
<tr><th colspan="4" rowspan="2">项目</th><th colspan="3">级别</th></tr>
<tr><th>一级</th><th>二级</th><th>三级</th></tr>
<tr><td colspan="4">品种与砧木</td><td colspan="3">纯度≥ 95%</td></tr>
<tr><td rowspan="7">根</td><td rowspan="3">侧根数量 / 条</td><td rowspan="2">实生砧</td><td>毛桃、新疆桃、光核桃</td><td>≥ 5</td><td>≥ 4</td><td>≥ 4</td></tr>
<tr><td>山桃、甘肃桃</td><td>≥ 4</td><td>≥ 3</td><td>≥ 3</td></tr>
<tr><td colspan="2">营养砧</td><td>≥ 4</td><td>≥ 3</td><td>≥ 3</td></tr>
<tr><td colspan="3">侧根粗度 /cm</td><td>≥ 0.5</td><td>≥ 0.4</td><td>≥ 0.3</td></tr>
<tr><td colspan="3">侧根长度 /cm</td><td colspan="3">≥ 20</td></tr>
<tr><td colspan="3">侧根分布</td><td colspan="3">均匀，舒展而不卷曲</td></tr>
<tr><td colspan="3">病虫害</td><td colspan="3">无根癌病和根结线虫病</td></tr>
<tr><td colspan="4">砧段长度 /cm</td><td colspan="3">5 ~ 10</td></tr>
<tr><td colspan="4">苗木高度 /cm</td><td>≥ 100</td><td>≥ 90</td><td>≥ 80</td></tr>
<tr><td colspan="4">苗木粗度 /cm</td><td>≥ 1.5</td><td>≥ 1.0</td><td>≥ 0.8</td></tr>
<tr><td colspan="4">茎倾斜度 /°</td><td colspan="3">≤ 15</td></tr>
<tr><td colspan="4">根皮与茎皮 /cm²</td><td colspan="3">无干缩皱皮和新损伤处，老损伤处总面积 ≤ 1.0</td></tr>
<tr><td colspan="4">枝干病虫害</td><td colspan="3">无介壳虫</td></tr>
<tr><td rowspan="3">芽</td><td colspan="3">整形带内饱满叶芽数 / 个</td><td>≥ 6</td><td>≥ 5</td><td>≥ 5</td></tr>
<tr><td colspan="3">结合部愈合程度</td><td colspan="3">愈合良好</td></tr>
<tr><td colspan="3">砧桩处理与愈合程度</td><td colspan="3">砧桩剪除，剪口环状愈合或完全愈合</td></tr>
</table>

图7　桃树苗木

10. 桃园建园时如何科学定植苗木?

（1）苗木准备　定植前首先将根系在水中浸泡 1 ～ 2 天，以使苗木充分吸水，提高定植成活率。浸泡好后对苗木进行适当修剪，地上部修剪应根据苗木生长发育情况和整形要求而定，地下部根系一般可留 10 ～ 20cm 短剪，受伤根在伤部剪断，但若剪截过短会造成苗木贮藏养分的损失，对苗木当年生长不利。苗木剪截后最好喷施一次 3 波美度的石硫合剂，以铲除苗木上的病虫。最后将处理好的苗木根系蘸泥浆（泥浆配方：生根粉＋根癌灵等杀菌杀虫剂＋水＋土）备用。

（2）定植　在定植垄上按定植点挖深、宽各 40 ～ 50cm 的栽植坑，在坑中做出馒头状土堆，将苗木根系舒展放在土堆上，当填土超过根系后，轻轻提起苗木抖动，使根系周围不留空隙。坑填满后，踩实，在垄上顺行开沟灌足水，待水渗下后，覆盖地膜，一方面以防水分蒸发，另一方面以利于提高地温，促进苗木根系发育。栽植行内的苗木一定要成一条直线，以便耕作。苗木栽植深度一般以根颈处与地面平齐为宜。

五、高光效省力化树形与简化修剪

1. 在桃的省工、简化、速丰、优质、高效生产中应采取哪些高光效省力化树形？

图8　细长纺锤形

目前，在桃生产中，树形普遍采用开心形，该树形存在如下诸多问题，如平面结果、产量和品质难以兼顾，难以进行机械化作业，在设施栽培中光能利用率低等，严重影响了桃产业的健康可持续发展。经过多年科研攻关，中国农业科学院果树研究所建议采用如下高光效省力化树形：

（1）扶干细长纺锤形　①设施栽培：树高1.0～2.0 m，主干高0.4～0.6 m；中心干着生6～10个主枝，均匀分布，主枝着生角度自下而上由70°过渡到90°，主枝长度由1m过渡到0.4 m；相邻主枝间距15～20 cm，夹角120°，同侧主枝间距60～80 cm。

②露地栽培：树高2.5～3.5m，主干高0.8～1.2m；中心干着生8～12个主枝，均匀分布，主枝着生角度自下而上由70°过渡到90°，主枝长度

由 1.5 m 过渡到 1.0 m；相邻主枝间距 20 ～ 30 cm，夹角 120°，同侧主枝间距 80 ～ 100 cm。③该树形要注意防止出现上强下弱的问题，同时该树形还需要立支柱扶干。

（2）主干形 ①设施栽培：树高 1.0 ～ 2.0 m，主干高 0.4 ～ 0.6 m；中心干上直接着生结果枝组，均匀分布，相邻结果枝组间距 10 cm 左右，同侧结果枝组间距 50 cm 左右；结果枝组与主干夹角自下而上由 70° 过渡到 90°。②露地栽培：树高 2.5 ～ 3.5 m，主干高 0.8 ～ 1.2 m；中心干上直接着生结果枝组，均匀分布，相邻结果枝组间距 15 ～ 20 cm，同侧结果枝组间距 60 cm 左右；结果枝组与主干夹角自下而上由 70° 过渡到 90°。③该树形要注意防止出现上强下弱现象的发生，同时该树形还需要立支柱扶干。

（3）V 形 ①设施栽培：树高 0.5 ～ 1.0m，主干高 0.2 ～ 0.4m；无中心干，两主枝伸向行间，着生角度 60° ～ 70°，主枝长 0.8 ～ 1m。②露地栽培：2.5 ～ 3.5m，主干高 0.4 ～ 0.6m；无中心干，两主枝伸向行间，着生角度 45° ～ 60°，主枝长 2.0 ～ 3.0m。

图9 主干形

图10 V形

2. 在桃的省工、简化、速丰、优质、高效生产中应如何进行简化修剪?

整形修剪是桃树栽培的重要管理措施，通过整形修剪可以为树体创造良好的通风透光条件，使树体空间结构合理分布，保证生长发育的相对协调均衡，调节衰老与更新复壮的关系，使枝叶分布均匀，提高叶片光合效率，增加生物学产量。在正确合理运用“前促后控”措施的基础上，使营养生长和生殖生长能协调、合理地相互转化、相互平衡，从而达到早结果、早丰产、早见效，并且高产、稳产、优质、低耗、高效的目的。

(1)生长季修剪 ①摘心或剪梢。育壮促花期：摘心或剪梢具有促发分枝、加快树冠形成的作用。幼果发育期：摘心或剪梢具有减少幼嫩叶片对营养的消耗、提高坐果率增大果个的作用。8月中下旬至9月上旬（新梢停止生长）：将枝条不成熟部分剪去，以利于充实枝芽，提高花芽质量和越冬抗寒力。②疏梢。育壮促花期：疏梢具有改善光照促进花芽分化的作用。果实发育期：疏梢具有改善光照、集中营养促进果实发育的作用；果实开始着色期：疏梢具有改善光照、促进果实成熟、提高果实品质的作用。③拉枝。育壮促花期：拉枝是

图11 冬季修剪前

图12 冬季修剪后

抑制营养生长促进生殖生长、保证花芽分化良好的重要措施；B 果实发育期：拉枝具有改善光照，抑制新梢旺长促进果实发育的作用。④绞缢。一般在果实膨大期开始进行直至果实采收后结束，绞缢对于促进果个增大、改善果实品质、提前果实成熟作用明显。⑤摘叶吊果。一般于果实开始着色时进行，摘除遮光叶片或剪除叶片遮光部分并将下垂果枝吊起，可显著改善果实部位光照条件，增加果实着色。⑥化控。育壮促花期：喷施多效唑或烯效唑等生长抑制剂控制新梢旺长，加快新梢由营养生长向生殖生长的转化，促进花芽分化。幼果发育期：喷施多效唑或烯效唑等生长抑制剂，具有控制新梢旺长、促进果实发育、增大果个、促进着色的效果。

（2）冬季修剪 冬剪遵循“疏枝为主，长留长放”的原则，长放中长果枝，短截下垂细弱果枝，疏除或拉平背上果枝，疏除无花强营养枝、病虫枝、竞争枝。

六、土肥水高效利用

1. 如何进行桃园园地的土壤改良?

针对土壤的不良性状和障碍因素，采取相应的物理或化学措施，改善土壤性状，提高土壤肥力，增加作物产量，以及改善人类生存土壤环境的过程称为土壤改良。土壤是树体生存的基础，桃园土壤的理化性质和肥力水平等影响着桃树的生长发育以及果实产量和品质。土壤贫瘠、有机质含量低、结构性差、漏肥漏水严重、保温保湿性差、土壤强碱性导致磷及金属微量元素强烈固定、氮磷钾养分供应能力低等是我国桃园稳产优质栽培的主要障碍，因此持续不断地改良和培肥土壤是我国桃园稳产栽培的前提和基础。土壤改良工作一般根据各地的自然条件和经济条件，因地制宜地制定切实可行的规划，逐步实施，以达到有效地改善土壤生产性状和环境条件的目的。

（1）土壤改良过程 ①保土阶段：采取工程或生物措施，使土壤流失量控制在容许流失量范围内。如果土壤流失量得不到控制，土壤改良亦无法进行。对于耕作土壤，首先要进行农田基本建设，实现田、林、路、渠、沟的合理规划。②改土阶段：其目的是增加土壤有机质和养分含量，改良土壤性状，提高土壤肥力。改土措施主要是种植豆科绿肥或多施农家肥。当土壤过沙或过黏时，可采用沙黏互掺的办法。

（2）土壤改良技术途径 土壤的水、肥、气、热等肥力因素的发挥受土壤物理性状、化学性质以及生物学性质的共同影响，从而在土壤改良过程中可以选择物理、化学以及生物学的方法对土壤进行综合改良。①物理改良：采取相应的农业、水利、生物等措施，改善土壤性状，提高土壤肥力的过程称为土壤物理改良。具体措施有适时耕作，增施有机肥，改良贫瘠土壤；客土、漫沙、漫淤等，改良过沙过黏土壤；平整土地；设立灌、排渠系，排水洗盐、种稻洗盐等，改良盐碱土；植树种草，营造防护林，设立沙障，固定流沙，改良风沙土等。②化学改良：用化学改良剂改变土壤酸性或碱性的技术措施称为土壤化学改良。常用化学改良剂有石灰、石膏、磷石膏、氯化钙、硫酸亚铁和腐殖酸钙等，视土壤的性质而择用。如对碱化土壤需施用石膏、磷石膏等以钙离子交换出土壤胶体表面的钠离子，降低土壤的pH值。对酸性土壤，则需施用石灰性物质。化学改良必须结合水利、农业等措施，才能取得更好的效果。

桃树为多年生树种，因而，贫瘠土壤区最值得推崇的土壤改良方法是建园时的合理规划，包括开挖80～100 cm深、80 cm宽的定植沟，将秸秆、家畜粪肥、绿肥、过磷酸钙等足量填入沟内，引导根系深扎，为稳产创造良好的基础条件。桃树生长发育过程中，每年坚持在树干两侧开挖30 cm左右的施肥沟，或通过有机肥施肥机将有机肥均匀地施入土壤，能够促进新根的大量发生，增强桃树根系吸收功能，为高产创造条件。

2. 土壤耕作主要有哪些方法？

土壤耕作主要有以下几种方式：清耕、生草、覆盖、免耕和清耕覆盖等。目前运用最多的是清耕、生草和覆盖。在具体生产中，应该根据不同地区的土壤特点、气候条件、劳动力情况和经济实力等各种因素因地制宜地灵活运用不同的土壤管理方法，以在保证土壤可持续利用的基础上最大限度地取得好的经济效益。

3. 清耕的优缺点是什么？如何操作？

清耕是指在植株附近树盘内结合中耕除草、基施或追施化肥、秋翻秋耕等进行的人工或机械的土壤耕作方式，常年保持土壤疏松无杂草的一种果园土壤管理方法。全园清耕有很多优点，如可提高早春地温，促进发芽；能保持土壤疏松，改善土壤通透性，加快土壤有机物的腐熟和分解，有利于桃根系的生长和对肥水的吸收；还能控制果园杂草，减少病虫害的寄生源，降低果树虫害密度和病害发生率，同时减少或避免杂草与果树争夺肥水。但全园清耕也有一些缺陷，如清耕把表层20cm土壤内的大量起吸收作用的毛根破坏，养分吸收受限制，影响花芽的形成和果实的糖度及色泽；还会促使树体徒长，导致晚结果、少结果，降低产量；使地面裸露，加速地表水土流失；此外，清耕比较费工，增加了管理成本。

尽管有一些不足，清耕法至今仍是我国采用最广泛的果园土壤管理方法。主要因为桃园各项技术操作频繁，人在行间走动多，土壤易板结，所以清耕是目前较常用的桃园土壤耕作方法。

4. 什么是桃园生草？

桃园生草是指在桃园行间或全园长期种植多年生植物的一种土壤管理办法，分为人工种草和自然生草两种方式，适用于年降水量较多或有灌溉条件的地区，生草一般在桃园行间进行。

5. 桃园生草有哪些优缺点？

（1）优点 ①桃园实施生草能增加土壤有机质含量，提高土壤肥力，改善土壤理化性质，使土壤保持良好的团粒结构，尤其是对质地黏重的土壤，改土作用更大。据试验测定，在30cm厚的土层有机质含量为0.5%～0.7%的桃园，连续5年种植鸭茅和白三叶草，土壤有机质含量可以提高到1.6%～2.1%。②桃园生草后增加了地面覆盖层，能减少土壤表层温度的变幅，有利于桃树根系的生长发育；使桃园土壤温度和湿度昼夜变化幅度变小，有利于桃树根系生长和吸收活动。雨季来临时草能够吸收和蒸发水分，增强土壤排涝能力，特别是对于桃这样的不耐涝树种尤为重要。同时，生草桃园“日灼”病也明显减轻，落地果损失也小。③生草可充分发挥自然界天敌对害虫的持续控制作用，减少农药用量，是对害虫进行生物防治的一条有效途径；使桃树害虫的天敌种群数量增大，因此，天敌控制虫害发生和猖獗的能力增强，从而减少了农药的投入及农药对环境和果实的污染，这正是当前推广绿色果品生产所要求的条件。④改善果实品质。桃园生草能使土壤中的磷、钙等有效含量提高，增加果实中的可溶性固形物含量和果实硬度，提高果实的抗病性和耐贮性，促进果实着色，减少生理性病害，从而提高果实的商品价值。另外，生草覆盖的地面可减轻采前落果和采收时果实的损伤。⑤生草形成的致密地表植被可固沙固土，减少地表径流对坡地土壤的侵蚀。同时，生草可将无机肥转变为有机肥，固定在土壤中，增加了土壤的蓄水能力，减少肥、水的流失。⑥生草桃园雨后地表积水较少，加上草被的巨大蒸腾作用可加快雨水的散发。与清耕园相比，生草园因雨涝带来的危害较轻；便于桃园推行机械作业，省人力，提高劳动效率。

（2）缺点 生草果园也存在和覆草管理相似的缺点，如果园不易清扫、增加病虫源等问题，针对这些缺点，应相应地加强管理。

6. 桃园生草如何操作?

（1）人工种草 ①草种的选择：适合桃园人工生草的草种多为豆科或禾本科等矮秆、适应性强的草种，如毛叶苕子、三叶草、鸭茅草、黑麦草、百脉根和苜蓿等。桃园人工生草可以是单一的草种，也可以是两种或多种草混种，通常桃园人工生草多选择豆科的白三叶草、紫花苜蓿与禾本科的早熟禾草混种，两种或多种草混种发挥双方的优势，比单种一种草种生草效果好。对于地下水位较高或灌区桃园，宜选用白三叶、红三叶等较耐渍的草种；而对于旱地、灌水不便的桃园，宜选用百脉根、扁茎黄芪等较为耐旱的牧草。②生草方式的确定：土层深厚、肥沃，根系分布较深的桃园，可全园生草；而土层较浅、瘠薄的桃园，则宜采取行间生草。③播种时期及方法：人工种草一般在秋季（8～9月）或春

图13 桃园人工生草

季（3～4月）深翻后播种草种，其中秋季播种最佳，可有效解决生草初期杂草滋生的问题。播种前先平整土地，播种时宜浅不宜深，通常以1～2cm为宜。播种分撒播和条播两种方式，种时在土壤疏松的基础上撒上草籽，用脚踏或菜耙来回耙几遍，使种子入土即可。春季播种出苗后及时中耕清除杂草，以防被杂草吃掉。天气干旱要及时浇水，以解决果树和生草争水的矛盾。④刈割：生草长起来覆盖地面后，根据生长情况，及时刈割，一个生长季一般刈割2～4次，草生长快的刈割次数多，反之则少。草的刈割管理不仅是控制草的高度，而且还可促进草的分蘖和分枝，提高覆盖率和增加产草量。割下的草覆盖树盘或行间，使其自然分解腐烂或结合畜牧养殖过腹还田，增加土壤肥力。刈割的时间，由草的高度来定，一般草长到30 cm以上刈割，降水多的季节或地区草高些刈割，降水少的季节或地区低些刈割。草留茬高度应根据草的更新的最低高度，与草的种类有关，一般禾本科草要保住生长点（心叶以下），而豆科草要保住茎的1～2节，一般留茬5～8 cm即可。有些茎节着地生根的草，更容易生根。刈割采用专用割草机或碎草机（行间碎草机和树盘碎草机）。秋季长起来的草，不再刈割，冬季留茬覆盖。⑤注意事项：种草后2～3年内，应当增加果树根外追肥次数，以减轻果树与草争肥的矛盾。一般生草4～6年后草逐渐老化，要及时翻耕，闲置1～2年后重新播种，以春季翻耕最好。

（2）自然生草 自然生草就是利用桃园自然杂草的生草途径生草。自然生草桃园在欧美比较普遍。具体做法是，生长季节任杂草萌芽生长，待草长至30cm以上时人工或利用机械留茬刈割（降水多的季节或地区一般草长至40～50cm高时刈割，降水少的季节或地区一般草长至30～40cm高时刈割），留茬高度一般为5～10cm。刈割的草可覆盖在树盘或行间。

图14 桃园自然生草

7. 桃园覆盖的优缺点是什么？

（1）优点 保持土壤水分，防止水土流失；增加土壤有机质；改善土壤表层环境，促进树体生长；提高果实品质；果实生长期内采用果园覆盖措施可使水分供应均衡，防止因土壤水分剧烈变化而引起裂果；减轻果实日灼病。

（2）缺点 桃树树盘覆草后不易灌水。另外，由于覆草后果园的杂物包括残枝落叶、病烂果等不易清理，为病虫提供了躲避场所，增加了病虫来源，因此，在病虫防治时，要对树上树下细致喷药，以防加剧病虫危害。

8. 桃园覆盖如何操作？

覆盖栽培是一种较为先进的土壤管理方法，适于在干旱和土壤较为瘠薄的地区应用，利于保持土壤水分和增加土壤有机质。桃园常用的覆盖材料为地膜或麦秸、麦糠、玉米秸、稻草等。

图 15 黑地膜

图 16 园艺地布

图 17 桃园覆草

（1）露地栽培 一般于春夏覆盖黑色地膜，夏秋覆盖麦秸、麦糠、玉米秸、稻草或杂草等，覆盖材料越碎越细越好。覆草多少根据土质和草量情况而定，一般每亩平均覆干草 1 500 kg 以上，厚度 15 ～ 20 cm，上面压少量土，每年结合秋施基肥深翻。

（2）设施栽培 为有效降低空气湿度，在扣棚覆膜期间全园必须覆盖黑地膜。

9. 在桃的省工、简化、速丰、优质、高效生产中需遵循什么施肥原则?

（1）露地栽培 ①合理增加有机肥施用量（一般果肥重量比最少为 1:2，即生产 1kg 桃最少需施入优质腐熟有机肥 2），依据土壤肥力和早中晚熟品种及产量水平，合理调控氮、磷、钾肥施用水平，早熟品种的需肥量比晚熟品种少 20% ～ 30%，注意钙、镁、硼和锌等微量元素肥料的配合施用。②果实膨大期前后是追肥的关键时期。③果实采摘前 3 周不宜追施氮肥和大量灌水，以免影响品质。④与优质高效栽培技术结合，夏季排水不畅的平原地区桃园需做好起垄、覆膜、生草等土壤管理工作；干旱地区提倡采用地膜覆盖和穴贮肥水技术等。

（2）设施栽培 中国农业科学院果树研究所经过多年研究发现，与露地桃树相比，设施桃树具有如下特点：土壤温度低，根系吸收功能下降，导致根系对氮、磷、钾、钙、镁、硫、铁、锰、铜、锌、钼、硼等矿物质元素的吸收速率变慢；叶片大而薄、质量差，呼吸作用强，光合作用弱，气孔密度小，设施内空气湿度高，蒸腾作用弱，导致矿物质元素的主要运输动力——蒸腾拉力降低，进而导致植株体内矿物质元素的运输速率变慢。由于设施桃树存在上述特点，导致设施桃树对矿物质营养的吸收利用效率低于露地桃树，容易出现缺素症等生理病害。根据设施桃树的上述生理特点，中国农业科学院果树研究所桃课题提出了减少土壤施肥量、强化叶面喷肥、重视微肥施用的设施桃树施肥新理念。

10. 在桃的省工、简化、速丰、优质、高效生产中如何确定施肥量？

桃树施肥量由桃树的年吸收量、土壤的天然供肥量和肥料利用率三方面确定，公式如下：

施肥量 =（年吸收量 - 天然供肥量）/ 肥料利用率

（1）年吸收量　是指一定面积或一株树生长发育年周期中，所消耗土壤里各种营养的总量。应先计算出生长干物质重，再分析主要元素的百分含量，将某器官（植株）总干重乘以营养成分含量，即可求出某器官（植株）的年吸收总量。一般情况下桃对氮、磷、钾三要素的吸收比率约为 100:（30 ～ 40:（60 ～ 160），每生产 50kg 果实，氮、磷、钾吸收量分别为 125g、50g 和 150 ～ 175g。

（2）天然供肥量　土壤在不施肥的情况下，土壤里原来已有氮、磷、钾及微量元素供给树体年吸收利用数量的多少称为天然供肥量。从全国各地测得肥料三要素的天然供肥量为氮肥占果树年吸收量的 1/3，磷约占 1/2，钾约占 1/2。

（3）肥料利用率　是指当年施肥中的营养被吸收的数量。具体计算时，可参考一下常用有机肥和无机肥的当年利用率，见表 5。

表 5　常用有机和无机肥料当年利用率

肥料名称	当年利用率（%）	肥料名称	当年利用率（%）
土杂肥	15	尿素	35 ~ 40
大粪干	25	硫酸铵	35
猪粪	30	硝酸铵	35 ~ 40
草木灰	40	过磷酸钙	20 ~ 25
菜籽饼	25	硫酸钾	40 ~ 45
棉籽饼	25	氯化钾	40 ~ 45
花生饼	25	复合肥	40
大豆饼	25	钙镁磷肥	35 ~ 40

如果有条件的话，还可运用叶分析法（营养诊断法）、土壤肥力分析等来确定具体施肥量，这是一种比较科学的施肥量确定方法，也是发达国家应用较多的一种施肥量确定方法。

11. 桃生产中秋施基肥的重要性如何?

“果树要高产，秋肥是关键”，“四季施肥料，秋肥最主要”，上述农业谚语充分说明了秋施基肥的重要性。

(1)提高低温 秋天采果后，气温、地温仍然较高，此时施基肥有足够的时间、温度条件利于有机肥料的转化、有机质腐烂分解及矿物质化，翌年春天可及时供根系吸收和利用，用于补充树体结果消耗的养分，帮助树势的恢复、营养的积累，为安全越冬和花芽分化及翌年的春梢生长做好物质上的准备，有利于提高结果率，减少落花落果。同时，在冬季还有利于桃园积雪保墒，提高土温，减少根际冻害。

(2)秋施基肥利于改善土壤结构和培肥土壤 山地、丘陵地桃园一般土质瘠薄，有机质含量低，即使是平地桃园，有机质含量也不高，必须不断通过秋施基肥进行土壤改良，提高土壤肥力，才有利于桃树的生长发育。

(3)增加发根 秋天是桃树根系生长的旺盛时期，同时地温较高（一般在20℃以上），因此，秋施基肥有利于开沟断根后的伤口愈合和根系生长，增加发根数量，而且开沟工程也较为容易。

(4)利于花芽分化 秋天，温度适宜，昼夜温差大，光照充足，光合效率高，地上部新生器官已停止生长，这时所制造的营养物质以积累为主，因此在秋天施肥，有利于提高树体营养水平，有利于花芽分化，提高坐果率，增强树体的抗冻能力。

(5)平衡树势 秋季施基肥还可减缓翌年新梢的生长势，避免新梢生长和果实发育之间对营养需求的矛盾，减少生理落果。

12. 桃生产中基肥如何施用?

(1)基肥 又称底肥，以有机肥料为主，同时加入适量的化肥，一般在秋季施用。露地栽培不宜施用过多的速效氮肥，否则易引起秋梢旺长及停止生长过晚，加重冬季冻害，但设施栽培需配合施入较多的速效氮肥，以利更新修剪后树冠的快速恢复。露地栽培一般基肥的施肥时间多集中在8～10月，对于特别早熟的品种应适当早施基肥，对于晚熟的品种应相对晚施几天。设施栽培一般在果实采收更新修剪完成后施入基肥。近年来应用效果较好的肥料有：

①龙飞大三元生物有机肥、龙飞大三元有机无机复合肥；②中霖高科施德根、中霖高科德财、中霖高科微生物菌剂；③众德生物有机肥、众德生物有机无机复合肥；④优质农家肥、尿素、磷酸二铵、三元素复合肥；⑤上述4类肥料中的任一种肥料加入森基牌矿物元素增效剂（主要成分是中微量元素）效果出众。

图18 穴施有机肥

（2）追肥 分根系追肥和叶面追肥。根系追肥常用肥料是：龙飞大三元大量元素水溶肥、龙飞大三元氨基酸型大量元素水溶肥；中霖高科大杰含氨基酸水溶肥料、中霖高科黄腐酸钾型大量元素水溶肥、中霖高科黄腐酸钾型大量元素水溶肥、中霖高科大量元素水溶肥；众德大量元素水溶肥；尿素等。叶面追肥常用肥料是：中霖高科流体硼在桃始花期、坐果期、硬核期各喷洒1次，中霖高科增糖着色肥果实开始转色时开始喷洒，龙飞氨基酸叶面肥、中霖高科糖醇钙、磷酸二氢钾、尿素等，坐果后开始喷洒，15天1次，采收前15天停止。

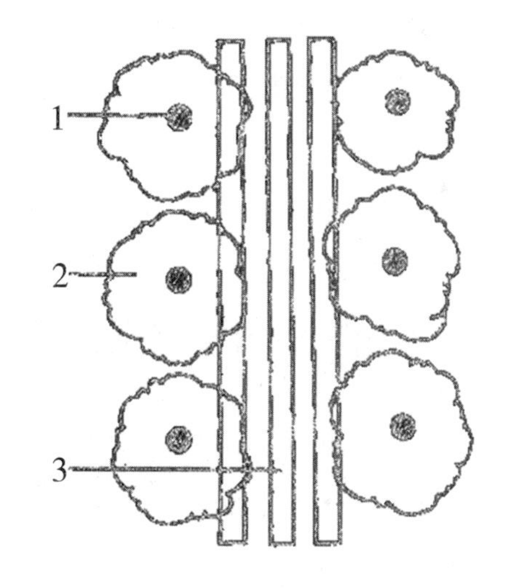

条状沟施肥

1.树干 2.树冠 3.条状沟

图19 沟施有机肥

（3）施肥量 一般早熟品种的基肥施入量应占全年施肥总量的70%～80%，晚熟品种可占到60%～70%，如结果初期树施肥量为优质农家肥2 000～3 000kg/亩，混施复合肥20～30kg/亩；盛果期树施肥量为每亩施优质农家肥4 000～5 000kg/亩，混施复合肥40～50kg/亩，无论选择何种肥料，加入森基牌矿物元素增效剂25～30kg/亩，效果出众。追肥主要看树势和基肥使用状况而定。一般亩施水溶肥5～8kg，利用水肥一体化设备从果实膨大期开始结合浇水进行，以后每15天1次，采收前20天停止。

（4）施肥位置 桃根系一般分布深度在1m以内，但因砧木种类、土壤条件等的不同而有差异，分布广度大体上与树冠一致。施肥位置以树冠投影的外边缘为准，随树冠的扩大向外延伸，深度以 30 ～ 50cm 为宜，略深于根系的集中分布区。

13. 根外追肥的作用及注意事项有哪些?

（1）根外追肥的作用 根外追肥又称叶面喷肥，是将肥料溶于水中，稀释到一定浓度后直接喷于植株上，通过叶片、嫩梢和幼果等吸收进入体内。主要优点是经济、省工、肥效快，可迅速克服缺素症状，对于提高果实产量和改进品质有显著效果。但是根外追肥不能代替土壤施肥，两者各有特点，只有以土壤施肥为主，根外追肥为辅，相互补充，才能发挥施肥的最大效益。

（2）注意事项 根外追肥要注意天气变化。夏天炎热，温度过高，宜在上午 10 点前和下午 4 点后进行，以免喷施后水分蒸发过快，影响叶面吸收和发生肥害；雨前也不宜喷施，以免使肥料流失。

14. 中国农业科学院果树研究所研发的氨基酸系列叶面肥效果如何?

在多项国家省部及地方项目的资助下，经多年研究攻关，根据桃树的年营养吸收运转规律，中国农业科学院果树研究所研制出氨基酸系列叶面肥，获得了国家发明专利（ZL 2010 1 0199145.0），并进行批量生产【安丘鑫海生物肥料有限公司，生产批号：农肥（2014）准字 3578 号】。

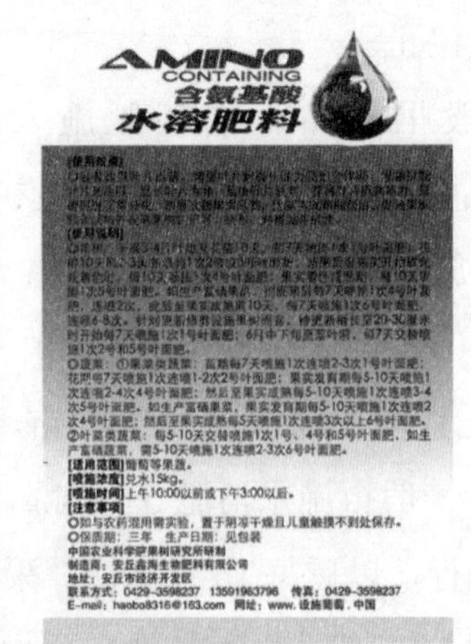

图 20 中国农业科学院果树研究所研发的氨基酸系列叶面肥

多年多点的示范推广效果表明，自盛花期开始喷施氨基酸系列叶面肥，可显著改善桃树的叶片质量，表现为叶片增厚，比叶重增加，栅栏组织和海绵组织增厚，栅海比增大；叶绿素 a、叶绿素 b 和总叶绿素含量增加；同时提高叶片净光合速率，延缓叶片衰老；改善桃树的果实品质，平均单果重及可溶性固形物含量、维生素 C 含量和 SOD 酶活性明显增加，使果实表面光洁度明显提高，并显著提高果实成熟的一致性；显著提高桃树枝条的成熟度，改善桃树植株的越冬性；同时显著提高叶片的抗病性。见表 6、表 7。

表6　中国农业科学院果树研究所研发的氨基酸系列叶面肥对设施栽培桃叶片和光合特性的影响

品种	处理	叶绿素 a 含量（mg/gFW）	叶绿素 b 含量（mg/gFW）	叶绿素总含量（mg/gFW）	叶绿素 b/a 比	净光合速率（umol · m^2s^{-1}）
中油 4 号	喷肥	11.79（4.0%）	3.57（7.53%）	15.35（4.78%）	0.30	22.6（16.49%）
	对照	11.34	3.32	14.65	0.29	19.4
春雪	喷肥	10.32（90.4%）	3.14（88.0%）	13.46（89.8%）	0.304	21.3（25.29%）
	对照	5.42	1.67	7.09	0.308	17

表 7　中国农业科学院果树研究所研发的氨基酸系列叶面肥对设施栽培桃果实品质的影响

品种	处理	平均单果重（g）	果实硬度（kg/cm^2）	可溶性固体物含量（%）	可溶性糖含量（%）	可滴定酸含量	糖酸比	Vc 含量（mg/100gFW）
中油 4 号	喷肥	106.23	6.48	9.27（9.32%）	6.43（18.9%）	0.49（18.3%）	13.12	125.82
	对照	94.45	5.51	8.48	5.41	19.4	0.49	0.49
春雪	喷肥	156.16	7.38	8.94（11.1%）	7.55（22.0%）	0.521（14.6%）	14.49	80.0
	对照	126.14	5.3	8.05	6.19	0.61	10.15	48.93

图 21　中国农业科学院果树研究所研发的氨基酸系列叶面肥的施用效果（上面喷施，下面对照）

15. 中国农业科学院果树研究所研发的氨基酸系列叶面肥如何施用?

桃树对矿物质营养的需求随生育期的不同而变化，因此在桃树不同的生长发育阶段需喷施配方不同的氨基酸叶面肥。具体操作如下：花前 10d 和 2 ～ 3d 各喷施一次 600 ～ 800 倍的含氨基酸硼的氨基酸 2 号叶面肥，以提高坐果率；坐果至果实转色前每 7 ～ 10d 喷施一次 600 ～ 800 倍的含氨基酸钙的氨基酸 4 号叶面肥（至少 4 次），以提高果实硬度；果实转色后至果实采收前，每 5 ～ 10d 喷施一次 600 ～ 800 倍的含氨基酸钾的氨基酸 5 号叶面肥（至少 2 次）。若要套袋，则以硬核期套袋为宜，利于钙元素的吸收。

16. 桃树的主要灌溉时期及适宜灌水量分别是什么?

桃从开花至幼果发育期对水分需求量逐渐增加，果实发育期是需水最多的时期，硬核期对水分胁迫最为敏感，进入成熟期后，对水分需求变少、变缓。

（1）萌芽前后至开花期　此期缺水，则萌芽不正常、开花不良、坐果率低，及时灌水可促进芽整齐萌发、花盛开，提高坐果率。此期使土壤湿度保持在田间持水量的70%～80%。萌芽前灌水，灌水量宜足，次数宜少，避免降低地温，影响开花坐果。

（2）新梢生长与果实第一次膨大期 此期缺水，叶片和幼果争夺水分，常使幼果脱落，严重时导致根毛死亡，地上部生长明显减弱，产量显著下降。土壤湿度宜保持在田间持水量的75%～80%。

（3）硬核期 此期对水分最为敏感，缺水或水分过多都易引起落果，此期灌水量宜适中。土壤湿度宜保持在60%～80%。

（4）果实着色至成熟期 在桃果实成熟前应适度控制灌水，应于采前15～20d停止灌水。土壤湿度宜保持在60%～70%。

（5）更新修剪 设施栽培更新修剪后灌水，树体正处于积累营养物质树冠恢复阶段，对翌年的生长发育关系很大，此期灌水量要足，一定要浇透水。

（6）越冬水 桃落叶后必须灌一次透水，冬灌不仅能保证植株安全越冬，同时对下年生长结果也十分有利。但如秋雨过多或土壤墒情好时，土质较黏的可不灌水。

17. 在桃的省工、简化、速丰、优质、高效生产中如何排水?

桃树特别怕涝，雨季必须注意排水。桃树在雨量大的地区或季节，如土壤水分过多，会引起枝蔓徒长，延迟果实成熟，降低果实品质，严重的会造成根系缺氧，抑制呼吸，引起植株死亡。因此，在桃园设计时应安排好排水系统。排水沟应与道路建设、防风林设计等相结合，一般在主干路的一侧，与园外的总排水干渠相连接，在小区的作业道一侧设有排水支渠。如果条件允许，排水沟以暗沟为好，可方便田间作业，但在雨季应及时打开排水口，及时排水。

18. 在桃的省工、简化、速丰、优质、高效生产中主要有哪些节水灌溉技术?

在桃的省工、简化、速丰、优质、高效生产中主要有沟灌、滴灌、微喷灌、根系分区交替灌溉、穴贮肥水和集雨窖灌等节水灌溉技术和方法。

（1）沟灌 沟灌是目前生产中采用最多的一种灌溉方式，即顺行向做灌水沟，通过管道将水引入浇灌。沟灌时水沟宽度一般为0.3～0.5m。与漫灌相比，可节水30%左右。

（2）滴灌 滴灌是通过特制滴头点滴的方式，将水缓慢地送到作物根部的灌水方式。滴灌的应用从根本上改变了灌溉的概念，从原来的“浇地”变为“浇树、浇根”。滴灌可明显减少蒸发损失，避免地面径流和深层渗漏，可节水、保墒、防止土壤盐渍化，而且不受地形影响，适应性广。滴灌具有如下优点：①节水，提高水的利用率。传统的地面灌溉需水量极大，而真正被作物吸收利用的却不足总供水量的50%，这对缺水的我国大部分地区无疑是资源的巨大浪费，而滴灌的水分利用率却高达90%左右，可节约大量水分。②减小桃园空气湿度，减少病害发生。采用滴灌后，桃园的地面蒸发大大降低，桃园内的空气湿度与地面灌溉园相比会显著下降，减轻了病害的发生和蔓延。③提高劳动生产率。在滴灌系统中有施肥装置，可将肥料随灌溉水直接送入桃树植株根部，减少了施肥用工，并且肥效提高，节约肥料。④降低生产成本。由于减少桃园灌溉用工，实现了桃园灌溉的自动化，从而使生产成本下降。⑤适应性强。滴灌不用平整土地，灌水速度可快可慢，不会产生地面径流或深层渗漏，适用于任何地形和土壤类型。如果滴灌与覆盖栽培相结合，效果更佳。

（3）微喷灌 为了克服滴灌设施造价高，而且滴灌带容易堵塞的问题，同时又要达到节水的目的，我国独创了微喷灌的灌溉形式。微喷灌即将滴灌带换为微喷灌带即可，而且对水的干净程度要求较低，不易堵塞微喷口。微喷灌带即在灌溉水带上均匀打眼。但微喷灌带能够均匀灌溉的长度不如滴灌带长。

（4）根系分区交替灌溉 根系分区交替灌溉是在植物某些生育期或全部生育期交替对部分根区进行正常灌溉，其余根区则受到人为的水分胁迫的灌溉

图22 膜下根系分区交替灌溉

图23 文丘里施肥器，水肥一体化

方式，刺激根系吸收补偿功能，调节气孔保持最适开度，达到以不牺牲光合产物积累、减少奢侈蒸腾而节水高产优质的目的。中国农业科学院果树研究所试验结果表明：根系分区交替灌溉可以有效控制桃树的营养生长，使修剪量下降，显著降低修剪用工量；显著改善果实品质；显著提高水分和肥料利用率，与全根区灌溉相比，根系分区交替灌溉可节水30%～40%。该灌溉方法与覆盖栽培、滴灌或微喷灌相结合效果更佳。

（5）穴贮肥水 具有投资少、省工、简便、高效等优点，技术上可因地制宜、灵活掌握。操作要点：

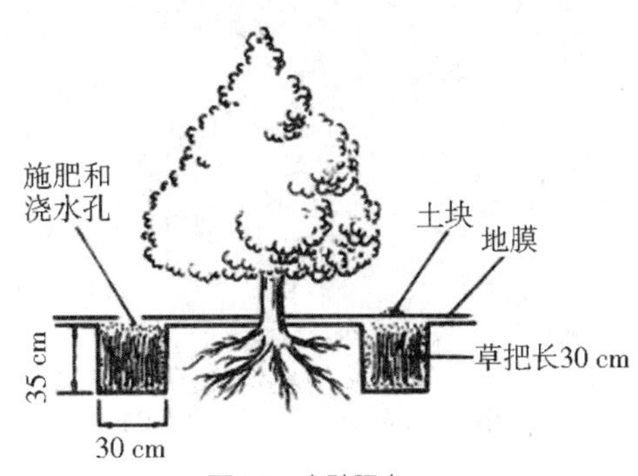

图24 穴贮肥水

北方桃园春季土壤解冻后（南方则不分季节）在树冠下挖4～8个圆土穴，穴径约30cm、深30～40cm，穴中央竖一捆又紧又浸透水（或肥水）的草把，再用50g尿素、50～100g过磷酸钙和50～100g硫酸钾（或相当肥效的复合肥），与土混匀，填入草把周围，覆土2cm，用脚踏实，然后覆盖地膜，上面捅一孔，用作今后浇水施肥的进口，平时孔口用土石块盖好。

图25 穴贮肥水

图26 穴贮肥水

（6）集雨窖灌 北、南方均可，可因地制宜。原理是把雨季的无效降水收集起来变成有效降水。具体操作如下：在地头建造容积50m³左右的集雨水窖（大小不限），水窖内部用水泥或红胶泥砌边做防渗处理。水窖房可修建2m高的简易水塔。通常可与渗灌系统相连。也可通过机械（水泵）方法提水、加压，与微喷灌配套。

进行灌溉时，除催芽水、更新水和越冬水要按传统灌溉方式浇透水，其余时间建议采取根系分区交替灌溉的方式灌溉。

图27　集雨窖

七、花果管理与功能果品生产

1. 在桃的省工、简化、速丰、优质、高效生产中如何提高桃树的坐果率?

(1)保证良好的授粉受精 通过合理配置授粉树、花期放蜂(蜜蜂或壁蜂)、人工活体或液体授粉等措施保证授粉过程的顺利进行;同时花前 7d 和花期各喷施一次含氨基酸硼的氨基酸 2 号叶面肥(中国农业科学院果树研究所研制)保证受精顺利进行。

图 28 花期喷氨基酸 2 号叶面肥

图 29 疏花

(2)及时疏花疏果,集中营养 通过及时进行疏花疏果等措施,集中营养提高坐果率。疏花疏果一般分 3 次完成,疏花一般于花前和花期进行,疏除过密花、畸形花、双花去一;疏果一般于坐果后和银杏大小时分 2 次进行。留果标准:一般长果枝留果 3 ~ 4 个,中果枝留果 1 ~ 2 个,短果枝留果 1 个或不留果,最终使设施桃亩产量保持在 2 500 ~ 3 000kg 为宜。

(3)合理摘心或剪梢,调节营养生长与生殖生长平衡 通过合理摘心或剪梢等措施控制新梢旺长,调节营养分配,使贮藏营养大量运向花果,为提高坐果率、增大果个奠定基础。

(4)合理调控温湿度 在桃树的设施栽培中,除采取上述提高坐果率的措施外，合理调控温湿度同样非常重要，如果温湿度调控不好则会显著降低坐果率。温湿度调控原则：①催芽期缓慢升温，防止气温上升过快，否则地上地下生长不协调，严重影响坐果率。②花期保持适宜的温湿度，避免花期夜间冻害及昼夜温差过大现象的发生。如果昼夜温差超过某一阈值，坐果率随昼夜温差的增大而急剧下降。

2. 在桃的省工、简化、速丰、优质、高效生产中主要有哪些省工授粉技术?

桃的多数品种为完全花，可以自花授粉，但也有少数品种雄蕊退化，花粉败育，还有一些品种雌蕊花柱特别长，花瓣尚未开放已经外露，自花结实率低。花期的低温、连续阴雨、大风等不良气候，常造成授粉昆虫不活动，同时在设施栽培中，缺少授粉昆虫。针对这些情况，生产上建园时必须重视授粉树的配置，并辅以人工授粉或花期放养蜜蜂或壁蜂等措施予以传粉。

图30　花期放蜂

近年来随着农村劳动力的减少和人工费用的增加，人工授粉成本太高，人们开始采取蜜蜂或壁蜂授粉等省工授粉技术，特别是在桃的设施栽培中应用广泛。具体方法如下：

（1）蜜蜂或壁蜂的数量要求　一般每亩地放养 1 箱蜜蜂或 500 头左右的壁蜂即可。

（2）放蜂时期　一般在花芽萌动时将蜜蜂或壁蜂移入园内，在花开 50% 时放出蜜蜂或壁蜂，让其采蜜授粉。

（3）花期空气湿度　严格将空气相对湿度控制在 50% 左右利于花粉散开，保证传粉效果。

（4）注意事项 在桃设施栽培中，要将蜜蜂或壁蜂一定提前于花芽萌动时移入设施内，让蜜蜂或壁蜂充分适应设施环境。另外在设施栽培中，桃花蜜少，需注意平时要添加蜂蜜或白砂糖喂养蜜蜂，以提高蜜蜂或壁蜂的授粉效率和效果。

3. 在桃的省工、简化、速丰、优质、高效生产中如何疏花疏果?

桃树多数品种成花量大，坐果率高，特别是进入盛果期后，为合理调节负载，保证有限营养的合理利用，促进果实增大和品质提高，一般都要进行疏花、疏果。生产上一般只采用疏果的方法，但树体花量过多时，先行疏花（或疏蕾），再进行疏果，效果更好，疏花比疏果好，早疏果比晚疏果效果好。

（1）疏花疏果的原则 ①强树、强枝多留，弱树弱枝少留；直立枝多留，水平枝、下垂枝少留；树冠中、下部多留，上部少留；内膛枝少留，外围枝多留。②坐果率高的品种应早疏、适当重疏，并可一次到位，坐果率低、生理落果重的品种应晚疏、轻疏，分多次疏；早熟品种适当早疏，晚熟品种可适当推迟疏果。

（2）疏花疏果的时期和方法 ①人工疏花疏果：人工疏花疏果的灵活性和准确性高，能做到“看树定产”“按枝定量”。人工疏花疏果应由上而下、由内而外，按主枝、侧枝、枝组顺序进行，以免漏枝，同时保护好叶片和留下的花果。疏花疏蕾的具体方法是在花蕾顶端露红至花瓣开始伸出时，保留花蕾间距 9 ～ 10cm，并且使上下、左右均匀错落分布，疏去多余的花蕾。疏果一般进行 2 次，第一次在开花后 1 周进行，留果量为最后留果量的 1 ～ 2 倍；第二次在第一次生理落果结束、大小果区分明显时进行，根据果枝长度和叶果比确定留果数量，一般长果枝留 3 个果实，中果枝留 2 个果实，短果枝留 1 个果实，果枝上果实间距 10 ～ 15cm，多余果实全部疏除。若考虑叶果比，早熟品种叶果比为 40:1，晚熟品种为 60:1，其余果实全部疏除。②化学疏花疏果：化学疏花疏果具有节省人力物力的特点，所用药剂主要有西维因、石硫合剂和乙烯利等。例如，桃品种大久保在盛花期第一次喷布 50 倍石硫合剂，几天后喷第二次，或在盛花初期喷第一次，再经过 2 ～ 4d 喷第二次，疏去 80% 的花仍可丰产。但化学疏花疏果具有一定风险，需先小面积试验，成功后再大面积应用。

4. 在桃的省工、简化、速丰、优质、高效生产中如何改善果实品质?

(1) 合理负载 通过疏花疏果使树体合理负载，一般亩产量保持在 2 000 ～ 2 500kg 为宜。

(2) 改善光照条件 通过摘叶、吊果、铺设反光膜和合理修剪等技术措施改善果实的光照条件，利于果实着色，使果实色泽艳丽。

(3) 环剥、环割或绞缢 通过于果实二次膨大期至果实着色期采取环剥、环割和绞缢等技术措施调节营养分配，增加光合产物在果实中的分配，以促进果实着色，增大果个，并提高果实可溶性固形物含量。

(4) 加强肥水管理 通过增施有机肥、配方施肥和叶面喷肥等技术措施可有效改善果实品质。叶面肥的使用一般是坐果后至果实开始着色期每 10 ～ 15d 喷施一次含氨基酸钙的氨基酸 4 号叶面肥（中国农业科学院果树研究所研制），果实开始着色期始，至果实采收前 15d 结束，每 10 ～ 15d 喷施一次含氨基酸钾的氨基酸 5 号叶面肥（中国农业科学院果树研究所研制）。

(5) 果实着色至成熟期温度合理调控 在桃设施栽培中，通过适当加大果实着色至成熟期昼夜温差并防止白天高温伤害现象的发生等技术措施，可有效提高果实的可溶性固形物含量，使风味变浓。

(6) 艺术果与功能性果品生产 通过套袋并结合贴字和图案晒果或模具调控果实形状等技术措施生产艺术果等高档礼品果，并结合精美包装提高果品的外观品质；通过相应技术生产富硒、富锌等特异营养果品，以供应高端消费市场。

图 31 模具栽培

图 32 盆栽

5. 在桃设施栽培生产中，如何缩短果实发育期促进果实成熟？

（1）利用温度调控，促进果实成熟 温度是决定果树物候期进程的重要因素，温度高低不仅与开花早晚密切相关，而且与果实生长发育密切相关。在一定范围内，果实的生长和成熟与温度成正相关，温度越高，果实生长越快，果实成熟也越早。因此，在果实发育至果实成熟期适当提高气温尤其是夜间气温对于促进果实成熟效果明显，一般可提前 10 ～ 15d；不过，在适当提高温度促进果实成熟的同时是以降低单果重为代价的。

（2）利用光照调控果实发育，促进果实成熟 光照与果实的生长发育和成熟密切相关，改变光照强度和光质可显著影响果实的生长发育和成熟。通过人工补光等措施增加光照强度可促进桃果实的发育，促进成熟。覆盖紫外线透过率高的棚膜或利用紫外线灯补充紫外线，可有效抑制设施桃等的营养生长，促进生殖生长，促进果实着色和成熟，改善果实品质。注意开启紫外线灯补充紫外线时操作人员不能入内。

（3）利用其他措施调控果实发育，促进果实成熟 合理负载、重视钾肥施用、强化叶面喷肥等都会促进果实成熟。环割、环剥或绞缢等修剪措施可有效促进果树发育和成熟。利用生长势弱的砧木可促进接穗品种的成熟。

6. 硒元素对人体具有哪些保健功能及重要性？

硒是人体生命之源，素有“生命元素”之美称。硒元素具有抗氧化、增强免疫系统功能、促进人类发育成长等多种生物学功能。它能杀灭各种超级微生物，刺激免疫球蛋白及抗体产生，增强机体对疾病的抵抗能力，中止危险病毒的蔓延；它能帮助甲状腺激素的活动，减缓血凝结，减少血液凝块，维持心脏正常运转，使心律不齐恢复正常；它能增强肝脏活性，加速排毒，预防心血管疾病，改善心理和精神失常特别是低血糖；它能预防传染病，减少由自身免疫疾病引发的炎症，如类风湿性关节炎和红斑狼疮等；它还参与肝功能与肌肉代谢，能增强创伤组织的再生能力，促进创伤的愈合；硒能保护视力，预防白内障发生，能够抑制眼晶体的过氧化损伤；它具有抗氧化、延长细胞老化、防衰老的独特功能。硒与锌、铜及维生素E、维生素C、维生素A和胡萝卜素协同作用，抗氧化效力要高几百到几千倍，在肌体抗氧化体系中起着特殊而重要的作用。

缺硒可导致人体出现40多种疾病的发生。1979年1月国际生物化学学术讨论会上，美国生物学家指出“已有足够数据说明硒能降低癌症发病率”。据国家医疗部门调查，我国8省24个地区严重缺硒，该类地区癌症发病率呈最高值。我国几大著名的长寿地区都处在富硒带上，同时华中科技大学对百岁老人的血样调查发现：90～100岁老人的血样硒含量正常超出35岁青壮年人的血样硒含量，可见硒能使人长寿。

硒对人体的重要生理功能越来越为各国科学家所重视，各国根据本国自身的情况都制定了硒营养的推荐摄入量。美国推荐成年男女硒的每日摄入量(RDI)分别为70 μg/d和55 μg/d，而英国则为75 μg/d和60 μg/d。中国营养学会推荐的成年人摄入量为50～200 μg/d。

人体中硒主要从日常饮食中获得，因此，食物中硒的含量直接影响了人们日常硒的摄入量。食物硒含量受地理影响很大，土壤硒的不同造成各地食品中硒含量的极大差异。土壤含硒量在0.6 μg/kg以下，就属于贫硒土壤，我国除湖北恩施、陕西紫阳等地区外，全国72%的国土都属贫硒或缺硒土壤，其中包括华北地区的京、津、冀等省市，华东地区的苏、浙、沪等省市。这些区域的食物硒含量均不能满足人体需要，长期摄入严重缺硒食品，必然会造成硒缺乏疾病。中国营养学会对我国13个省市做的一项调查表明，成人日平均硒摄入量为26～32 μg，离中国营养学会推荐的最低限度50 μg相距甚远。一般植物性食品含硒量比较低。因此，开发经济、方便、适合长期食用的富硒食品已经势在必行。

7. 锌元素对人体具有哪些保健功能及重要性?

锌是动植物和人类正常生长发育的必需营养元素，它与80多种酶的生物活性有关。大量研究证明锌在人体生长发育过程中具有极其重要的生理功能及营养作用，从生殖细胞到生长发育，从思维中心的大脑到人体的第一道防线皮肤，都有锌的功劳，因此有人把锌誉为“生命的火花”。锌不仅是人体必需营养元素，而且是人类最易缺乏的微量营养物质之一。

锌缺乏对健康的影响是多方面的，人类的许多疾病如侏儒症、糖尿病、高血压、生殖器和第二性症发育不全、男性不育等都与缺锌有关，缺锌还会使伤口愈合缓慢、引起皮肤病和视力障碍。锌缺乏在儿童中表现得尤为突出，生长发育迟缓、身材矮小、智力低下是锌缺乏患者的突出表现，此外还有严重的贫血、生殖腺功能不足、皮肤粗糙干燥、嗜睡和食土癖等症状。通常在锌缺乏的儿童中，边缘性或亚临床锌缺乏居多，有相当一部分儿童长期处于一种轻度的、潜在不易被察觉的锌营养元素缺乏状态，使其成为“亚健康儿童”。即使他们无明显的临床症状，但机体免疫力与抗病能力下降，身体发育及学习记忆能力落后于健康儿童。

锌在一般成年人体内总含量为2～3g，人体各组织器官中几乎都含有锌，人体对锌的正常需求量：成年人2.2mg/d，孕妇3mg/d，乳母5mg/d以上。人体内由饮食摄取的锌，其利用率约为10%，因此，一般膳食中锌的供应量应保持在20mg左右，儿童则每天不应少于28mg，健康人每天需从食物中摄取15mg的锌。从目前看，世界范围内普遍饮食中锌摄入量不足，包括美国、加拿大、挪威等一些发达国家也是如此。在我国19个省进行的调查表明，60%学龄前儿童锌的日摄入量为3～6mg。以往解决营养不良问题的主要策略是药剂补充、强化食品以及饮食多样化。药剂补充对迅速提高营养缺乏个体的营养状况是很有用的，但花费较大，人们对其可接受性差。一般植物性食品含锌量比较低，因此，开发经济、方便、适合长期食用的富锌食品已经势在必行。

8. 富硒和富锌桃如何生产？

中国农业科学院果树研究所在多年研究攻关的基础上，根据桃树等果树对硒和锌等元素的吸收运转规律，研发出氨基酸硒和氨基酸锌等富硒和富锌果树叶面肥（喷施该系列叶面肥不仅补充果品的硒和锌等元素，生产富硒和富锌功能性保健果品而且能显著提高果树光合效率、促进果树花芽分化、提高果树抗性、显著改善果实品质），并已获得国家发明专利（专利号ZL 2010 1 0199145.0）且获得了生产批号【农肥（2014）准字3578号，安丘鑫海生物肥料有限公司生产】，同时建立了富硒和富锌功能性保健果品（桃树）的生产配套技术。目前，富硒和富锌等功能性保健果品（桃树）生产关键技术已经开始推广，富硒和富锌等功能性保健果品（桃树）生产进入批量阶段。

（1）富硒桃生产操作技术规范 花前10d和2～3d各喷施1次含氨基

酸硼的氨基酸2号叶面肥，以提高坐果率。①套袋栽培：盛花期和幼果发育期套袋前每10d左右喷施1次含氨基酸硒的氨基酸6号叶面肥，共喷施4次。果实套袋后喷施2次含氨基酸硒的氨基酸6号叶面肥，每10d 1次。果实摘袋后至果实采收前10～15d结束，每10d左右喷施1次含氨基酸硒的氨基酸6号叶面肥，共喷施2次。②无袋栽培：从第一次果实膨大期即幼果发育期始每隔10～15d喷施1次含氨基酸硒的氨基酸6号叶面肥，直至果实采收前15～20d停止，共喷施6～8次。

（2）富锌桃生产操作技术规范 花前10d和2～3d各喷施1次含氨基酸硼的氨基酸2号叶面肥，以提高坐果率。①套袋栽培：盛花期和幼果发育期套袋前每10d左右喷施1次含氨基酸锌的氨基酸3号叶面肥，共喷施4次。果实套袋后喷施2次含氨基酸锌的氨基酸3号叶面肥，每10d 1次。果实摘袋后至果实采收前10～15d结束，每10d左右喷施1次含氨基酸锌的氨基酸3号叶面肥，共喷施2次。②无袋栽培：从第一次果实膨大期即幼果发育期始每隔10～15d喷施1次含氨基酸锌的氨基酸3号叶面肥，直至果实采收前15～20d停止，共喷施6～8次。

9. 什么是桃树的省工、简化无袋栽培技术?

南方的大部分和北方的一部分桃园均有果实套袋习惯，套袋的目的是防止病虫及鸟类等危害，使果实外观艳丽，减少农药污染。套袋材料过去是用旧报纸，现不少桃园采用专用果袋。套袋桃果在采前7d左右需去袋，可使果实着色鲜艳。套袋虽能明显改善果实的外观品质，但在大多数情况下其内在品质却有所降低，主要表现在果实的可溶性固形物含量（含糖量）有所下降。尽管套袋栽培优点

图33 塑料薄膜限根定植技术

图34 塑料薄膜限根定植技术

不少，但这项技术用工较多，成本也高，为保持果实的原有风味，我们现在提倡无袋栽培技术。

无袋顾名思义就是不进行套袋，回归自然。无袋栽培既降低了生产成本，也减少了投资成本，缓解劳动用工紧张，还保护了生态环境。无袋栽培也是桃树省工、简化栽培技术措施之一。

八、休眠调控

1. 在桃设施促早栽培生产中，需冷量不足时过早升温对桃树有何影响？

在桃设施促早栽培中，桃树进入深休眠后，只有休眠解除即有效低温累积满足品种的需冷量才能开始加温（如果采取化学破眠措施则有效低温满足品种需冷量的 2/3 即可），否则过早加温会引起不萌芽，或萌芽延迟且不整齐，而且新梢生长及果实成熟期不一致，产量和品质下降等问题。因此，在桃设施促早栽培生产中，我们常采取一定措施，使桃树的休眠提前解除，以便提早扣棚升温进行促早生产，在生产中常采用人工集中预冷等物理措施和喷施单氰胺等化学破眠措施等达到这一目的。

2. 在桃设施促早栽培生产中，如何估算桃树的需冷量？

桃树解除内休眠（又称生理休眠，自然休眠）所需的有效低温时数或单位数称为桃树的需冷量，即有效低温累积起始之日始至生理休眠解除之日止时间段内的有效低温累积。桃树的需冷量一般常用如下模型进行估算：

（1）低于 7.2℃模型 ①低温累积起始日期的确定：以深秋初冬日平均温度稳定通过 7.2℃的日期为有效低温累积的起始日期，常用 5 日滑动平均值法确定。②统计计算标准：以打破生理休眠所需的≤ 7.2℃低温累积小时数作为品种的需冷量，≤ 7.2℃低温累积 1 小时记为 1h，单位为 h。

（2）0 ~ 7.2℃模型 ①低温累积起始日期的确定：以深秋初冬日平均温度稳定通过 7.2℃的日期为有效低温累积的起始日期，常用 5 日滑动平均值法确定。②统计计算标准：以打破生理休眠所需的 0 ～ 7.2℃低温累积小时数作为品种的需冷量，0 ～ 7.2℃低温累积 1 小时记为 1h，单位为 h。

（3）犹他模型 ①低温累积起始日期的确定：以深秋初冬负累积低温单位绝对值达到最大值时的日期即日低温单位累积为 0 左右时的日期为有效低温累积的起点。②统计计算标准：不同温度的加权效应值不同，规定对破眠效率最高的最适冷温 1 个小时为 1 个冷温单位，而偏离适期适温的使破眠效率下降甚至具有副作用的温度其冷温单位小于 1 或为负值，单位为 C•U。换算关系如下：2.5 ～ 9.1℃打破休眠最有效，该温度范围内 1h 为 1 个冷温单位（1 C•U）；1.5 ～ 2.4℃及 9.2 ～ 12.4℃只有半效作用，该温度范围内 1h 相当于 0.5 个冷温单位；低于 1.4℃或 12.5 ～ 15.9℃则无效，该温度范围内 1h 相当于 0 个冷温单位；16 ～ 18℃低温效应被部分抵消，该温度范围内 1h 相当于 -0.5 个冷温单位；18.1 ～ 21℃低温效应被完全抵消，该温度范围内 1h 相当于 -1 个冷温单位；21.1 ～ 23℃温度范围内 1h 相当于 -2 个冷温单位。

上述需冷量估算模型均为物候学模型，因此其准确性受限于特定的气候条件和环境条件，究竟以何种估算模型作为我国设施桃树需冷量的最佳估算模型有待深入研究。

3. 在桃设施促早栽培生产中，常见品种的需冷量是多少？

我国常用设施桃品种需冷量见表 8、表 9、表 10。

表 8　犹他模型估算的桃需冷量（山东泰安）（单位：C・U）

品种	花芽	叶芽	品种	花芽	叶芽
春蕾	900 ~ 940	840 ~ 890	麦香	780～800	780～800
雨花露	860～900	810～850	砂子早生	850～890	850～890
布目早生	760～800	740～760	仓方早生	790～810	790～810
庆丰	850～900	840～850	源东白桃	800～880	860
安农水蜜	750～820	750～800	NJN72	770～780	770～780
NJN76	780～820	780～800	五月火	620～650	500～600
早红珠	700～800	700～720	曙光	770～790	770～790
艳光	770～790	770～790	华光	770	770
早红宝石	650～720	650～720	早美光	690～720	690～720

表9　0～7.2℃模型估算的桃花芽需冷量（辽宁兴城）（单位：C·U）

春捷	100～120	春雪	700～800	春艳	750~850
青研1号	850～900	早露蟠桃	840～950	早红宝石	650~750
金辉	600～700	金硕	500～600	中油4号	600~700
中油5号	650～750	中油9号	600～650		

表10　0～7.2℃模型估算的桃花芽需冷量（河南郑州）（单位：C·U）

品种	花芽	叶芽	品种	叶芽	花芽
目早生	750	750	麦香	800	800
雨花露	800	800	早艳	800	800
西农水蜜	800	800	春蕾	800	800
庆丰	850	850	源东白桃	800～880	860
安农水蜜	850	850	大久保	850	850
白凤	850	900	五月火	550	550
六月白	1 000	1 000	曙光	650	650
五月鲜	1 150	1 150	离核蟠桃	600	600
新红早蟠桃	650	650	撒花红蟠桃	650	650
白芒蟠桃	700	700	奉化蟠桃	750	750
早红2号	500	500	瑞光2号	850	850
瑞光3号	850	850			

4. 在桃设施促早栽培生产中，有哪些技术措施可促进休眠解除?

（1）物理措施　①三段式温度管理人工集中预冷技术：利用夜间自然低温进行集中降温的预冷技术是目前生产上最常用的人工破眠措施，即当深秋初冬日平均气温稳定通过7～10℃时，进行扣棚并覆盖草苫。在传统人工集中预冷的基础上，中国农业科学院果树研究所果树应用技术研究中心的桃课题组创新性地提出三段式温度管理人工集中预冷技术，使休眠解除效率显著提高，休眠解除时间显著提前，具体操作如下：人工集中预冷前期（从覆盖草苫等保温覆盖材料始到最低气温低于 0℃止），夜间揭开草苫等保温覆盖材料并开启通风口，让冷空气进入，白天盖上草苫等保温覆盖材料并关闭通风口，保持棚室内的低温。人工集中预冷中期（从最低气温低于 0℃始至白天大多数时间低于 0℃止），昼夜覆盖草苫等保温覆盖材料，防止夜间温度过低。人工集中预冷后期（从白天大多数时间低于 0℃始至开始升温止），夜晚覆盖草苫等保温覆盖材料，白天适当开启草苫等保温覆盖材料，让设施内气温略有回升，升至 7 ～ 10℃后覆盖草苫等保温覆盖材料。人工集中预冷的调控标准：使设施内绝大部分时间气温维持在 0 ～ 9℃，一方面使温室内温度保持在利于解除休眠的温度范围内，另一方面避免地温过低，以利于升温时气温与地温协调一致。②带叶休眠：中国农业科学院果树研究所果树应用技术研究中心的桃课题组多年研究结果表明：在人工集中预冷过程中，与传统去叶休眠相比，采取带叶休眠的桃树植株提前解除休眠，而且花芽质量显著改善，桃果实品质明显改善，果实成熟期提前。因此，在人工集中预冷过程中，一定要采取带叶休眠的措施，不应采取人工摘叶或化学去叶的方法，即在叶片未受霜冻伤害时扣棚，开始进行带叶休眠人工集中预冷处理。

（2）化学措施　①单氰胺（H_2CN_2）：在设施桃生产中很少使用化学破眠剂促进桃休眠的解除，一般而言单氰胺对桃的破眠效果较好，不过容易发生药害，根据处理时期和品种不同单氰胺使用浓度一般为 0.1%～ 0.4%。配制 H_2CN_2 或 Dormex 水溶液时需要加入非离子型表面活性剂（一般按 0.2% ～ 0.4% 的比例）；一般情况下，H_2CN_2 或 Dormex 不与其他农用药剂混用。②注意事项。使用时期：温带地区桃的冬促早或春促早栽培使休眠提前解除，促芽提前萌发，需有效低温累积达到桃树需冷量的 2/3 ～ 3/4 时使用 1 次。施用时间过早，需要破眠剂浓度大而且效果不好；施用时间过晚，容易出现药害。亚热带和热带地区桃的露地栽培，为使芽正常整齐萌发，需于花芽分化完成后至达到深度自然休眠前结合剪梢、去叶等措施使用 1 次。使用效果：破眠剂解除桃芽内休眠使芽萌发后，新梢的延长生长取决于处理时植株所处的生理阶段，处理时间不能过早，过早桃芽萌发后新梢延长生长受限。使用时的天气情况：为降低使用危险性，且提高使用效果，单氰胺等破眠剂处理一般应选择晴好天气进行，气温以 10 ～ 20℃最佳，气温低于 5℃时应取消处理。同时破眠剂处理时的空气湿度对于单氰胺等破眠剂的破眠效果影响很大，如空气湿度过低，严重影响单氰胺等破眠剂的破眠效果。使用方法：直接喷施休眠枝条。安全事项：单氰胺等破眠剂具有一定的毒性，因此在处理或贮藏时应注意安全防护，要避免药液同皮肤直接接触；由于其具有较强的醇溶性，所以操作人员应注意在使用前后

人工集中预冷前期

人工集中预冷中期

人工集中预冷后期

图 35　三段式温度管理人工集中遇冷技术

1d 内不可饮酒。贮藏保存：放在儿童触摸不到的地方；于避光干燥处保存，不能与酸或碱放在一起。

带叶休眠的效果：果实成熟期显著提前，比去叶对照早 5 ～ 10d（近处：为带叶休眠植株，此时果实已经完全成熟；远处：为去叶休眠植株，此时果实刚刚开始着色）

图 36　带叶休眠技术

5. 在桃设施促早栽培生产中，如何进行强迫休眠？

中国农业科学院果树研究所桃课题组经过多年研究发明了桃带叶强迫休眠栽培方法，并获得了国家发明专利（专利号：ZL 2009 1 0220657.8），能够使桃鲜果于春节前后上市。该项技术适用于辽宁、吉林、黑龙江、内蒙古、西藏、青海和新疆北部等我国广大北方地区。核心技术主要包括人工降温强迫休眠、催芽剂处理促芽整齐萌发、保证新梢健壮生长等三项技术。

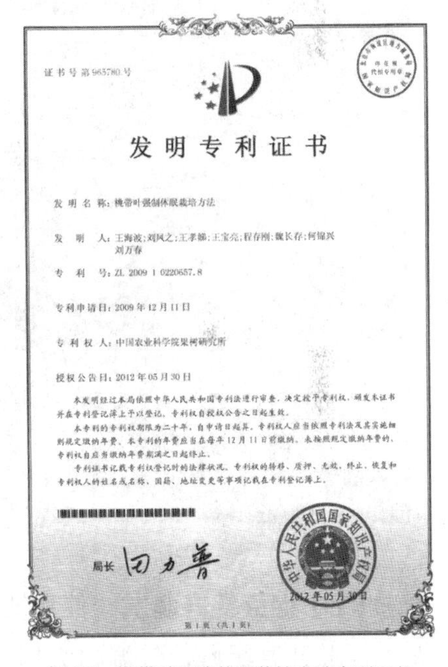

证书号第965780号

发明专利证书

发 明 名 称：桃带叶强制休眠栽培方法

发　明　人：王海波；刘凤之；王孝娣；王宝亮；程存刚；魏长存；何锦兴
刘万春

专　利　号：ZL 2009 1 0220657.8

专利申请日：2009 年 12 月 11 日

专 利 权 人：中国农业科学院果树研究所

授权公告日：2012 年 05 月 30 日

本发明经过本局依照中华人民共和国专利法进行审查，决定授予专利权，颁发本证书并在专利登记簿上予以登记。专利权自授权公告之日起生效。

本专利的专利权期限为二十年，自申请日起算。专利权人应当依照专利法及其实施细则规定缴纳年费。本专利的年费应当在每年 12 月 11 日前缴纳。未按照规定缴纳年费的，专利权自应当缴纳年费期满之日起终止。

专利证书记载专利权登记时的法律状况。专利权的转移、质押、无效、终止、恢复和专利权人的姓名或名称、国籍、地址变更等事项记载在专利登记簿上。

局长 田力普

中华人民共和国国家知识产权局

2012 年 05 月 30 日

第 1 页（共 1 页）

图 37　桃带叶强迫休眠栽培方法专利证书

（1）人工降温强迫休眠　根据花芽发育情况于 8 月底至 9 月初扣棚开启制冷设备（制冷设备降温时风箱出口最低温度为 -2℃，提前安装于棚内，待人工降温时开启）进行树体带叶人工降温处理，首先强制桃进入深度内休眠，然后在有效低温作用下促使桃解除内休眠。这一环节是桃强制休眠秋促早栽培技术的关键环节，该环节处理得好坏直接决定栽培的成功与否。按照如下标准进行人工降温：从 20 ～ 22℃开始降温，第 1 ～ 6d 每天降温 0.5℃；第 7 ～ 13d 每天降温 1℃；第 14 ～ 16d 每天降温 2℃；第 17d 降至 4 ～ 6℃；以后保持在 2 ～ 9℃；待桃需冷量满足后停止降温处理，进入升温阶段。人工降温处理第 1d 叶面喷施催眠剂（中国农业科学院果树研究所研制）促进桃休眠发育，使其尽快进入深度内休眠，以利于内休眠的解除；同时利用植物生长灯进行人工补光处理，促使桃花芽进一步发育，直至温度降至10℃时停止补光，补光时间为每天的8：00～16：00。

图38　2007年2月2日果实成熟期桃强迫休眠技术应用效果

（2）促芽整齐萌发　催芽期，根据需热量从升温至开花控制在30～35天，要求升温缓慢，气温白天以16～24℃为宜，夜间10℃以上；空气相对湿度控制在80%～90%为宜。此期温室内空气温度过高，经常超过25℃，有时甚至高达30℃以上，需喷水降温，防止叶芽和花芽过早萌发，影响坐果率和平均单果重。升温后第1d全园浇透水并喷施催芽剂（中国农业科学院果树研究所研制）促芽整齐萌发，避免叶芽萌发过晚影响坐果和果实发育。升温后7d开始用高浓度含氨基酸的氨基酸螯合1号叶面肥（中国农业科学院果树研究所研制）喷干枝，每周1次，连喷3次。

（3）保证新梢健壮生长　桃树秋促早栽培期间，日照时数渐减。由于受短日环境影响，桃新梢停长过早，新梢叶面积生长不足并且相当部分的叶面积未能达到正常生理标准，光合作用效果差，影响坐果并妨碍果实继续膨大，严重影响果实产量和品质，所以必须进行人工补光。具体做法是，于发芽期至果实着色期，利用植物生长灯，采用“朝夕补光法”或“暗期中断法”每天补光3h，即可有效克服短日环境对桃树生长发育造成的不良影响。一般在每亩大棚内设置50～60个植物生长灯为宜，灯位于树体上方约1m处。据测试结果可知，夜间设施内光照强度在20～50lx以上即可达到长日照标准。在人工补光的同时，配合使用设施桃专用叶面肥。花后2周叶幕形成后，每周1次叶面喷施设施桃专用氨基酸螯合系列叶面肥（中国农业科学院果树研究所研制），可显著促进新梢健壮生长并提高果实产量和改善果实品质。

6. 在桃设施延迟栽培生产中，如何延长休眠期，推迟桃树萌芽?

在果树栽培实践中，一般利用人工措施（如利用草帘覆盖、添加冰块、安装冷风机等）调控春夏设施内温度，使设施内保持低温环境（10℃以下），延长环境休眠期，进而延迟果树萌芽和开花，达到使果实在常规成熟期之后成熟的目的。该栽培模式目前在我国的设施葡萄生产中发展迅速，在设施桃生产中有少量发展。关于利用化学手段延长休眠期和调控需冷量的方法延长果树休眠期的研究目前尚属空白。

7. 在桃设施栽培生产中，如何确定升温时间?

（1）冬促早栽培 根据桃各品种需冷量确定升温时间，待需冷量满足后方可升温。桃大多数品种在11月初至12月中旬即可满足需冷量结束自然休眠。如果过早升温，需冷量得不到满足，造成发芽迟缓且不整齐，新梢生长不一致，花序退化，果实产量降低，品质变劣。

（2）春促早栽培 春促早栽培升温时间主要根据设施保温能力确定，一般情况下扣棚升温时间为在当地露地栽培桃萌芽时间的基础上提前2个月左右。

（3）秋促早栽培 秋促早栽培一般于9月初开始扣棚进行强迫休眠处理，以促进桃尽早完成休眠进程开花结果。

（4）延迟栽培 根据预定上市时间和早霜来临时间确定延迟栽培扣棚升温的时间。

九、环境调控

1. 在桃设施栽培生产中，光环境有什么重要性?

桃是喜光植物，对光的反应很敏感，光照充足时，枝叶生长健壮，树体的生理活动增强，营养状况改善，果实产量和品质提高，色香味增进。光照不足时，枝条变细，节间增长，表现徒长，叶片变黄、变薄，光合效率低，果实着色差或不着色，品质变劣。而光照强度弱，光照时数短，光照分布不均匀，光质差、紫外线含量低是桃等果树设施栽培存在的关键问题，必须采取措施改善设施内光照条件。

2. 在桃设施栽培生产中，如何改善光照条件?

（1）从设施本身考虑，提高透光率 建造方位适宜、采光结构合理的设施，同时尽量减少遮光骨架材料并采用透光性能好、透光率衰减速度慢的透明覆盖材料［聚乙烯棚膜、聚氯乙烯棚膜、醋酸乙烯－乙烯共聚棚膜（即 EVA）和 PO 棚膜等四种常用大棚膜，综合性能以 EVA 和 PO 为最佳］，经常清扫。

（2）从环境调控角度考虑，延长光照时间，增加光照强度，改善光质 正确揭盖草苫和保温被等保温覆盖材料并使用卷帘机等机械设备以尽量延迟光照时间；挂铺反光膜（地面铺反光膜的时间以地温升至 20℃以上时为宜，如地面过早铺反光膜虽然，改善了光照环境，但会影响地温上升，进而引起桃树生长发育不良）或将墙体涂为白色（冬季寒冷的东北、西北等地区考虑到保温要求，墙体不能涂白），以增加散射光；利用植物生长灯进行人工补光以延长光照时间并增加光照强度（安装植物生长灯采取早晚补光的办法可显著改善桃果实品质并促进成熟）；安装紫外线灯补充紫外线（可有效抑制设施桃营养生长，促进生殖生长，促进果实着色和成熟，改善果实品质；注意开启紫外线灯补充紫外线时操作人员不能入内），采用转光膜改善光质等措施可有效改善棚室内的光照条件。

（3）从栽培技术角度考虑，改善光照　　植株定植时采用采光效果良好的行向；合理密植，并采用高光效树形和叶幕形；采用高效肥水利用技术可显著改善设施内的光照条件，提高叶片质量，增强叶片光合效能；合理恰当的修剪可显著改善植株光照条件，提高植株光合效能。

图 39　树体北高南低，基部清除枝组提高干高，利于通风透光

图 40　铺反光膜

3. 在桃设施栽培生产中，如何调控设施内的环境温度？

栽培设施为其中桃树的生长创造了先于露地生长的温度条件，设施内温度调节适宜与否，严重影响栽培的其他环节。其主要包括两方面的内容，即气温调控和地温调控。

（1）气温调控　①调控标准。休眠解除期：采取三段式温度管理进行温度调控，尽量使温室内温度控制在 0 ～ 9℃。从扣棚降温开始到休眠解除所需时间因品种差异很大，一般为 10 ～ 40d。催芽期：慢升温，使气温和地温协调一致。一般采取四段式逐级升温法，即升温第 1 周气温白天 12 ～ 14℃，夜间高于 5℃；第 2 周气温白天 14 ～ 16℃，夜间高于 6℃；第 3 周气温白天 16 ～ 18℃，夜间高于 7℃；第 4 周一直到开花气温白天 18 ～ 20℃，夜间高于 8 ～ 10℃。从升温至萌芽一般控制在 25 ～ 35d。花期：气温白天 20 ～ 24℃，夜间 10 ～ 12℃为宜。此期要防止夜间冻害和昼夜温差过大（昼夜温差不超过 15℃）现象的发生。花期一般控制在 7 ～ 10d 为宜。坐果期：气温白天 22 ～ 24℃，夜间 10℃以上。硬核期：气温白天 23 ～ 25℃，夜间 10 ～ 13℃。

果实膨大着色期：白天气温 25 ～ 28℃，夜间 13 ～ 14℃。此期要防止高温伤害现象的发生，白天气温不能超过 30℃，并适宜加大昼夜温差，提高果实品质。果实成熟期：气温白天 26 ～ 30℃，夜间 14℃以上。②调控技术。保温技术：优化棚室结构，强化棚室保温设计（日光温室方位南偏西 5° ～ 10° ；墙体采用异质复合墙体，内墙采用蓄热载热能力强的建材，如石头和红砖等，并可采取穹形结构增加内墙面积以增加蓄热面积，同时将内墙涂为黑色以增加墙体的吸热能力；中间层采用保温能力强的建材，如泡沫塑料板；外墙为砖墙或采用土墙等）；选用保温性能良好的保温覆盖材料并正确揭盖、多层覆盖；挖防寒沟；人工加温；温室或塑料大棚的门口搭建简易塑料薄膜缓冲室。降温技术：通风降温，注意通风降温顺序为先放顶风，再放底风，最后打开北墙通风窗进行降温；喷水降温，注意喷水降温必须结合通风降温，防止空气湿度过大；遮阴降温，这种降温方法只能在催芽期使用。

图 41　门口搭建简易缓冲室防止冷风直吹树体

图 42　利用简易滑轮放风器开启上风口通风降温

（2）地温调控　设施内的地温调控技术主要是指提高地温技术，使地温和气温协调一致。桃树的设施栽培，尤其是促早栽培中，设施内地温上升慢，气温上升快，地温、气温不协调，造成发芽迟缓，花期延长，花序发育不良，严重影响桃树坐果率和果实的第一次膨大生长。另外，地温变幅大，会严重影响根系的活动和功能发挥。①起垄栽培结合地膜覆盖：该措施切实有效。②建造地下火炕或地热管和地热线：该项措施对于提高地温最为有效，但成本过高，目前在我国基本没有应用。③在人工集中预冷过程中合理控温，可有效防止土壤结冰，从而使扣棚升温后地温与气温协调一致。④生物增温器：利用秸秆发酵释放热量提高地温。⑤挖防寒沟：该措施成本低且效果显著。防寒沟如果填充保温苯板，厚度以 5 ～ 10cm 为宜；如果填充秸秆杂草（最好用塑料薄膜包裹），厚度以 20 ～ 40cm 为宜；防寒沟深度以大于当地冻土层深度 20 ～ 30cm 为宜。防寒沟能防止温室内土壤热量传导到温室外。⑥将温室建造为半地下式。

4. 在桃设施栽培生产中，如何调控设施内的环境温度?

空气湿度也是影响设施桃树生长发育的重要因素之一。相对湿度过高，会使桃树的蒸腾作用受到抑制，并且不利于根系对矿物质营养的吸收和体内养分的输送。持续的高湿度环境易使桃树徒长，影响开花结实，并且易发多种病害；同时会使棚膜上凝结大量水滴，造成光照强度下降。而相对湿度持续过低不仅影响桃树的授粉受精，而且影响桃树的产量和果实品质。设施栽培由于避开了自然雨水，为人工调控土壤及空气湿度创造了有利条件。

图 43　化学反应法增施二氧化碳气肥

图 44　燃烧法增施二氧化碳气肥

（1）调控标准　①催芽期：土壤水分和空气湿度不足，不仅延迟桃萌芽，还会导致花器发育不良；而土壤水分充足和空气湿度适宜，则桃树萌芽整齐一致，小型花和畸形花减少，花粉生活力提高。调控标准：空气相对湿度以 80% ～ 90% 为宜，土壤相对湿度以 70% ～ 80% 为宜。②花期：土壤和空气相对湿度过高或过低均不利于开花坐果。土壤相对湿度过高导致花药开裂慢，花粉散不出去，花粉破裂和病害蔓延；空气相对湿度过低，柱头易干燥，有效授粉寿命缩短，进而影响授粉受精和坐果。调控标准：空气相对湿度以 45% 左右为宜；土壤相对湿度以 60% ～ 70% 为宜。③坐果期：此期缺水叶片和幼果争夺水分，常使幼果脱落，严重时导致根毛死亡，地上部生长明显减弱，产量显著下降。调控标准：空气相对湿度以 50% ～ 60% 为宜，土壤相对湿度以 60% ～ 70% 为宜。④硬核期：此期对水分最为敏感，缺水或水分过多都易引起落果。此期灌水量宜适中。调控标准：空气相对湿度以60%～70%为宜，土壤相对湿度以60%～80%为宜。⑤果实膨大着色期：桃果实的生长发育与水分关系也十分密切。在桃果实第二次膨大期，充足的水分供应可促进果实的细胞分裂和膨大，有利于产量的提高。调控标准：空气相对湿度以60%～70%为宜，土壤相对湿度以70%～80%为宜。⑥果实成熟期：在桃果实成熟前应适度控制灌水，应于采前15～20d停止灌水。调控标准：空气相对湿度以60%～70%为宜，土壤相对湿度以55%～65%为宜。

（2）调控技术 ①降低空气湿度技术。通风换气：是经济有效的降湿措施，尤其是室外湿度较低的情况下，通风换气可以有效排除室内的水汽，使室内空气相对湿度显著降低。全园覆盖地膜：土壤表面覆盖地膜可显著减少土壤表面的水分蒸发，有效降低室内空气相对湿度。改革灌溉制度：改传统漫灌为膜下滴/微灌或膜下灌溉。升温降湿：冬季结合采暖需要进行室内加温，可有效降低室内相对湿度。防止塑料薄膜等透明覆盖材料结露：为避免结露，应采用无滴消雾膜或在透明覆盖材料内侧定期喷涂防滴剂，同时在构造上，需保证透明覆盖材料内侧的凝结水能够有序流到前底角处。②增加空气相对湿度技术：喷水增湿。③土壤相对湿度调控技术：主要采用控制浇水的次数和每次灌水量来解决。

5. 在桃设施栽培生产中，如何进行二氧化碳施肥？

设施条件下，由于保温需要，常使桃树处于密闭环境，通风换气受到限制，造成设施内CO_2浓度过低，影响光合作用。研究表明，当设施内CO_2浓度达室外浓度（340μg/g）的3倍时，光合速率提高2倍以上，而且在弱光条件下效果明显。而天气晴朗时，从上午9时开始，设施内CO_2浓度明显低于设施外，使桃树处于CO_2饥饿状态，因此，CO_2施肥技术对于桃树的设施栽培而言非常重要。

（1）二氧化碳施肥技术 ①增施有机肥：在我国目前条件下，补充CO_2比较现实的方法是在土壤中增施有机肥，而且增施有机肥同时还可改良土壤、培肥地力。②施用固体CO_2气肥：由于对土壤和使用方法要求较严格，所以该法目前应用较少。③燃烧法：燃烧煤、焦炭、液化气或天然气等产生CO_2，该法使用不当容易造成CO中毒。④干冰或液态CO_2：该法使用简便，便于控制，费用也较低，适合附近有液态CO_2副产品供应的地区使用。⑤合理通风换气：

在通风降温的同时，使设施内外 CO_2 浓度达到平衡。⑥化学反应法：利用化学反应法产生 CO_2，操作简单，价格较低，适合广大农村的情况，易于推广。目前应用的方法有盐酸—石灰石法、硝酸—石灰和碳铵—硫酸法，其中碳铵—硫酸法成本低、易掌握，在产生 CO_2 的同时，还能将不宜在设施中直接施用的碳铵转化为比较稳定的可直接用作追肥的硫酸铵，是现在应用较广的一种方法，但使用硫酸等具有一定危险性。⑦ CO_2 生物发生器法：利用生物菌剂促进秸秆发酵释放 CO_2 气体，提高设施内的 CO_2 浓度。该方法简单有效，不仅释放 CO_2 气体，而且增加土壤有机质含量，并且提高地温。具体操作如下：在行间开挖宽 30 ～ 50cm，深 30 ～ 50cm，长度与树行长度相同的沟槽，然后将玉米秸、麦秸或杂草等填入，同时喷洒促进秸秆发酵的生物菌剂，最后秸秆上面填埋 10 ～ 20cm 厚的园土。园土填埋时注意两头及中间每隔 2 ～ 3m 留置一个宽 20cm 左右的通气孔，为生物菌剂提供氧气通道，促进秸秆发酵发热。园土填埋完后，从两头通气孔浇透水。

（2）CO_2 施肥注意事项　于叶幕形成后开始进行 CO_2 施肥，一直到棚膜揭除后为止。一般在天气晴朗、温度适宜的天气条件下于上午日出 1 ～ 2h 后开始施用，每天至少保证连续施用 2 ～ 4h，全天施用或单独上午施用，并应在通风换气之前 30min 停止施用较为经济；阴雨天不能施用。施用浓度以 800 ～ 1 000μg/g 为宜。

6. 在桃设施栽培生产中，如何避免有毒气体伤害？

设施内有毒（害）气体主要是指氨气、一氧化碳和二氧化氮等。

（1）氨气（NH_3）　①来源。施入未经腐熟的有机肥：是桃树栽培设施内 NH_3 的主要来源，主要包括鲜鸡禽粪、鲜猪粪、鲜马粪和未发酵的饼肥等。这些未经腐熟的有机肥经高温发酵后产生大量 NH_3，由于栽培设施相对密闭，NH_3 逐渐积累。施肥不当：大量施入碳酸氢铵化肥，也会产生 NH_3。②毒害浓度和症状。毒害浓度：当浓度达 5 ～ 10mg/g 时 NH_3 就会对桃树等产生毒害作用。毒害症状：NH_3 首先危害桃树的幼嫩组织，如花、幼果和幼叶等。NH_3 从气孔侵入，受毒害的组织先变褐色，后变白色，严重时枯死萎蔫。③ NH_3 积累的判断：检测设施内是否有 NH_3 积累可采用 pH 试纸法。具体操作：在日出之前（放风前）

把塑料棚膜等透明覆盖材料上的水珠滴加在pH试纸上，呈碱性反应就说明有NH_3积累。④减轻或避免NH_3积累的方法：设施内施用充分腐熟的有机肥，禁用未腐熟的有机肥；禁用碳酸氢铵化肥；在温度允许的情况下，开启风口通风。

（2）一氧化碳（CO） ①来源：加温燃料的未充分燃烧。我国桃树设施栽培中加温温室所占比例很小，但在冬季严寒的北方地区进行的超早期促早栽培，常常需要加温以保持较高的温度；另外利用塑料大棚进行的春促早栽培，如遇到突然寒流降温天气，也需要人工加温以防冻害。②防止危害：主要是指防止CO对生产者的危害。

（3）二氧化氮（NO_2） ①来源：主要来源是氮素肥料的不合理施用。土壤中连续大量施入氮肥，使亚硝酸向硝酸的转化过程受阻，而铵向亚硝酸的转化却正常进行，从而导致土壤中亚硝酸的积累，挥发后造成NO_2的危害。②毒害症状：NO_2主要从叶片的气孔随气体交换而侵入叶肉组织，首先使气孔附近细胞受害，然后毒害叶片的海绵组织和栅栏组织，进而使叶绿体结构破坏，最终导致叶片呈褐色，出现灰白斑。③防止危害的方法：合理追施氮肥，不要连续大量地施用氮素化肥；及时通风换气；若确定亚硝酸气体存在并发生危害时，设施内土壤施入适量石灰可明显减轻NO_2气体的危害。

7. 在桃设施栽培生产中，如何进行设施环境的智能监测与调控？

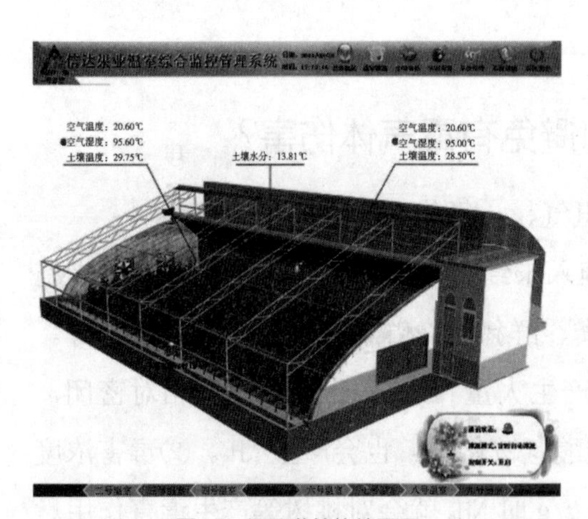

图45 远程监控软件界面

以前在设施果树生产中，设施内温湿度和光照等环境因子主要采取人工措施进行调控，不仅费用高而且调控的随意性强，常常出现由于调控不及时造成坐果及果实发育不良和日灼等问题的发生，严重影响了设施果树产业的集约化和规模化及标准化发展。为此，中国农业科学院果树研究所、清华大学、国家农业信息化工程技术研究中心和中国农业大学等单位联合开展了设施果树环境监测与智能控制及安全生产监控系统的研发，以促进设施果树的集约化、规模化和标准化发展。

本系统通过温湿度和光照等环境因子传感器对设施内环境因子进行实时监测，并根据设定的环境因子关键值对设施环境进行调控，实现设施果树生产环境因子调控的智能化管理。本系统可通过网络实现不同品种和生育期环境因子关键值的远程设置及控制；同时本系统还可配合安装视频采集系统实现设施果树生产管理全过程的远程监督及查看。

图 46　环境信息及视频信息采集器

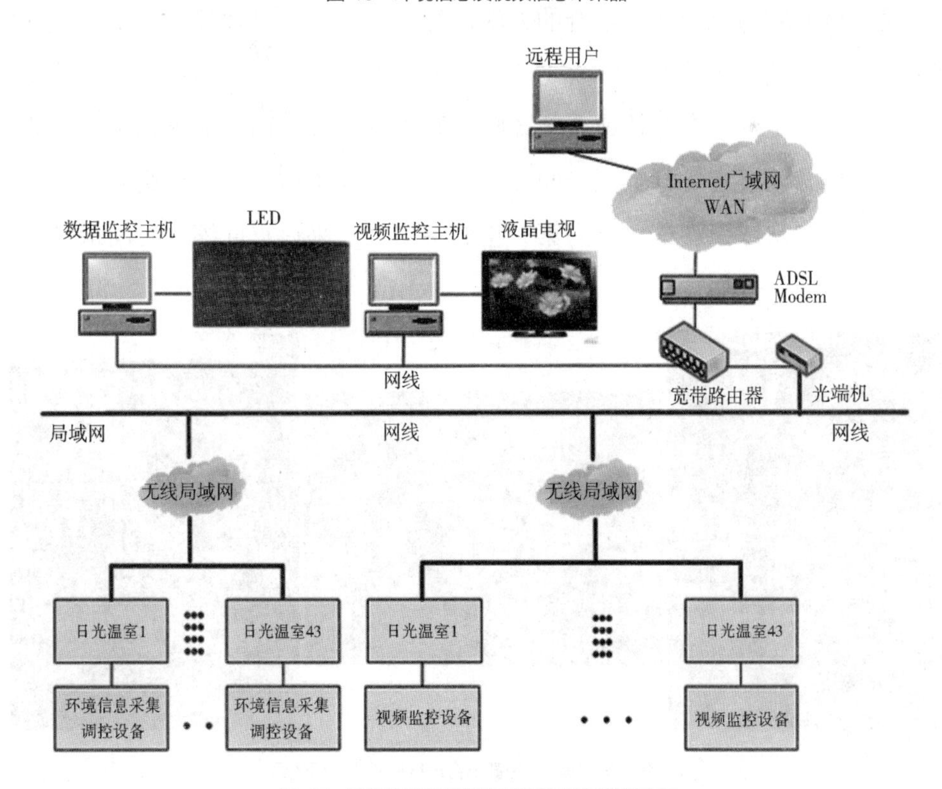

图 47　设施环境的监测与智能调控系统架构图

十、连年丰产

1. 在桃设施栽培生产中，实现连年丰产需采取哪些技术措施？

对于进行冬促早栽培和秋促早栽培的设施桃必须采取更新修剪结合断根施肥并配合育壮促花技术措施才能实现设施桃的连年丰产，否则会发生严重的隔年结果现象，严重影响设施桃的经济效益。

2. 如何更新修剪？

采取重回缩与重短截相结合的方法进行更新修剪，具体操作如下：疏除所有辅养枝，主枝在距基部 1/3 ～ 1/2 处缩剪至方位适当分枝处；枝组缩剪至基部分枝处，留 1 ～ 2 个分枝或全部疏除，利用骨干枝上萌发的新梢重新培养；对所留新梢疏除过密、背上无空间旺长梢，其余新梢留 2 ～ 4 个饱满芽短截，利用萌发的二次或三次梢培养为第二年的结果枝；采后重回缩的时间最晚不迟于 5 月中下旬。

图 48　重回缩与重短截结合进行更新修剪后效果

3. 如何断根施肥?

更新修剪后要及时进行断根施肥处理。具体操作如下：在株间或行间离主干 30 ～ 40cm 处开挖 30cm 宽、40cm 深的施肥沟，将所有根系切断同时将根系捡出（防止重茬效应的发生），然后在施肥沟内施入足量腐熟优质有机肥（亩用量 5 ～ 10m^3）和适量尿素（亩用量 40kg 左右），以调节地上和地下平衡，及时补充损耗的树体营养，防止树体早衰，减轻或避免树体黄化现象的发生，同时注意雨季排水防涝。

图 49　开沟断根施肥操作

4. 如何育壮促花?

（1）促长整形　更新修剪完成后待萌发新梢长至 15 ～ 20cm 时及时摘心促发分枝，此时对于小冠扶干纺锤形或主干形需选留一上端健壮新梢，设立支架绑缚或拉尼龙线缠绕培养为中心干，主干新梢当长至 30cm 时摘心；当新梢长至 50cm 左右时，选留生长健壮、方位适宜的新梢进行拉枝开角，培养为结果枝组，并及时疏除外围竞争枝、内膛过密梢、无空间背上旺长梢；当新梢长至 10 ～ 15cm 时，开始每 7d 叶面喷施 1 次含氨基酸的氨基酸 1 号叶面肥（中国农业科学院果树研究所研制），每半月土施 1 次 0.05kg/ 株尿素并浇透水，直到 5 月底至 6 月中下旬为止。同时结合喷肥进行病虫害防治，按无公害果品生产要求选择农药。一般用吡虫啉和啶虫脒等防治蚜虫，用阿维菌素、扫螨净和炔螨特等防治红蜘蛛，用农用链霉素等防治细菌性穿孔病，用多霉清、多菌灵、苯醚甲环唑、代森锰锌、仙生和大生 M-45 等防治褐腐病。

（2）控长促花　6 月中旬至 7 月初始每半月叶面交替喷施 1 次含氨基酸硼的氨基酸 2 号叶面肥和含氨基酸钾的氨基酸 5 号叶面肥，直至 10 月上旬为止，落叶前 15d 混合喷施 200 ～ 300 倍的含氨基酸硼的氨基酸 2 号叶面肥和含氨基酸钾的氨基酸 5 号叶面肥以促进叶片养分回流；每月土施 1 次氮磷钾复合肥，亩用量 30kg，连施 3 次，9 月上中旬适当掺施硼砂和过磷酸钙等，施肥后立即浇透水。此期应适当控水，若土壤墒情好，一般不浇水；雨季注意排涝。同时继续拉枝开角，使枝条协调分布，角度适宜，并适当控制二、三次梢的生长，摘心促花。6月中旬至7月上旬始叶面喷施300倍多效唑或150倍PBO，控长促花，喷施次数视桃树树势而定，一般喷施 1 ～ 3 次即可。此期结合叶面喷肥继续做好蚜虫、红蜘蛛、褐腐病、桃潜叶蛾和李小食心虫等的病虫害防治工作，用灭幼脲三号、杀铃脲等防治桃潜叶蛾，用氯氰菊酯和阿维菌素等防治李小食心虫。

十一、果园小型、实用、新型机械

1. 我国果园机械研发与应用现状如何？

果树不仅是我国的优势产业之一，也是劳动密集型产业。然而由于多年生果园的传统栽培模式存在的架式过低、行距过窄和行头过小等问题严重制约了果园生产机械化的实施，果园机械化水平提升速度远远落后于大田作物，果树生产管理过程的机械化程度很低，如果树挖坑（沟）定植、灌溉、施肥、修剪、病虫害防治和采收等生产管理活动基本依靠手工操作进行，不仅劳动强度大、劳动效率低，而且标准化程度低。近年来，随着工业化及城镇化的快速发展，大量农业劳动力向第二、三产业转移，果树生产人工成本大幅度增加，直接影响到果树产业的经济效益。因此，对果园机械化生产技术和装备的需求越来越迫切，果树生产管理的机械化已成为实现果树产业现代化的必然要求。2010年农业部颁布了《农业部关于加强农机农艺融合加快推进薄弱环节机械化发展的意见》，指出农业机械化是发展现代农业的重要物质基础，是农业现代化的重要标志。2012年中央一号文件也提出了积极“探索农业全程机械化生产模式”的要求。2013年中国农业科学院将农艺农融合技术的研发列入院科技创新工程。国内外实践表明，农机农艺有机融合是实现果园机械化生产的内在要求和必然选择。不仅关系到关键环节机械化的突破，关系到先进适用农业技术的推广普及应用，也影响农机化的发展速度和质量。只有两者相互协调、彼此交叉、有机结合，才能真正实现果园生产的机械化和现代化。发展我国果园机械化生产技术，要基于我国果树产业发展现状，坚持果树和机械相结合的基本原则，从苗木培育、果树定植、果园管理（整形修剪、土肥水管理、病虫害防治、埋土防寒和环境监测与调控等）到果实采摘收获等果树全程管理作业出发，系统全面地开展研究与示范推广工作。为此，中国农业科学院果树研究所联合山东农业大学和高密市益丰机械有限公司开展了果园机械化生产农艺农机的创新与融合研究，取得了初步成果，筛选出了部分适合果园机械化生产的果树品种及砧木，提出了适于我国果园机械化生产的部分配套农艺措施，研发出了部分配套农机装备。

2. 中国农业科学院果树研究所研发的果园土壤管理机械主要有哪些设备？其主要技术参数如何？

果园土壤管理的目的是为果树生长发育创造良好的土壤、水、肥、气、热环境，促进果品的优质、高效，因此，土壤管理在果树周年管理中占有重要地位。土壤管理主要指果园的土壤耕作和土壤改良培肥，其中土壤耕作主要包括清耕法、生草法、覆盖法、免耕法和清耕覆盖法等，目前运用最多的是清耕法和生草法两种，增施有机肥或种植绿肥增加土壤有机质含量是土壤改良的核心技术。因此，碎草机和有机肥施肥机等是果园机械化生产土壤管理所必需的机械装备，为此中国农业科学院果树研究所研发出果园碎草机和有机肥施肥机等土壤管理配套农机装备。

（1）果园碎草机 ①行间碎草机：该机主要由动力输入输出装置、锤片式碎草装置、平衡装置和保护装置等组成，用于生草果园行间绿肥的粉碎。技术参数如下：适于各种土壤条件，作业道宽度 1.5m 以上，留有 4m 以上行头；动力需求≥ 12kW；工作效率为 3 ～ 6 亩 /h；农艺指标：可将自然绿肥或人工绿肥等粉碎为 5 ～ 15cm 长的碎段，适于各种栽培形式的果园。②行内碎草机：该机主要由液压马达、碎草装置或松土装置、保护装置和避障装置等组成，用于生草果园树盘绿肥的粉碎或树盘的划锄松土作业。技术参数如下：适于各种

图 50　果园行间碎草机和树盘碎草机

土壤条件，作业道宽度 1.5m 以上，留有 4m 以上行头；动力需求≥ 37kW；工作效率为 3 ～ 6 亩 /h；农艺指标：可将自然绿肥和人工绿肥等粉碎为 5 ～ 15cm 长的碎段或进行深度为 2 ～ 5cm 的划锄松土作业，适于各种栽培形式的果园。

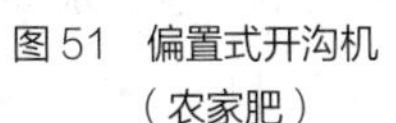

图 51　偏置式开沟机（农家肥）

图 52　偏置式搅拌回填一体机（农家肥）

图 53　偏置式开沟施肥搅拌回填一体机（商品有机肥）

（2）有机肥施肥系统　①商品有机肥施肥机：该机主要由动力输入输出装置、开沟装置、施肥装置、搅拌装置和土壤回填装置五部分组成，可一次性完成商品有机肥和化肥的机械化施肥作业，施肥宽度和深度的变换可通过换装开沟及搅拌零部件实现。技术参数如下：适于无较大石块的各种土壤，作业道宽度 1.5m 以上，留有 4m 以上行头；动力需求≥ 66kW；工作效率为 100 ～ 600m/h。农艺指标：开沟深度 30 ～ 60cm，宽度 30 ～ 50cm，开沟位置最近距主干 40cm，施肥深度 20 ～ 50cm，适于各种栽培形式的果园。②农家肥施肥机：该机是为农家肥的机械施入而研发的，由开沟机和搅拌回填一体机两台机械装备组成，首先利用开沟机完成开沟作业，然后人工将农家肥等施入沟内，最后由搅拌回填一体机完成农家肥与土壤的搅拌混匀和土壤回填，具有施肥深度和宽度可调功能。开沟机：该机利用抛土铲铣削和抛运两种复合动作将泥土抛起并通过导板将泥土导向一侧完成开沟作业。技术参数如下：适于无较大石块的各种土壤，作业道宽度 1.5m 以上，留有 4m 以上行头；动力需求≥ 66kW；工作效率为 100 ～ 600m/h。农艺指标：开沟深度 30 ～ 60cm，宽度 30 ～ 50cm，开沟位置最近距主干 30 ～ 40cm。搅拌回填一体机：该机首先通过卧轴搅拌装置将肥土搅拌后，再利用螺旋推进装置将泥土回填进沟内。技术参数如下：适于无较大石块的各种土壤，作业道宽度 1.5m 以上，留有 4m 以上行头；动力需求≥ 37kW；工作效率为 200 ～ 800m/h；农艺指标：搅拌深度 30 ～ 60cm，宽度 30 ～ 50cm，肥土搅拌混匀和土壤回填一次性完成。

3. 中国农业科学院果树研究所研发的果园施肥管理机械主要有哪些设备？其主要技术参数如何？

施肥作为果树栽培管理中的重要环节，对于提高果树产量、改善品质有重要作用，科学合理施肥是发展优质果品的重要保证。合理的施肥方法是将肥料施在离根系集中分布区稍深、稍远的区域。基肥的施用常用条沟法，将有机肥和适量化肥与表土同时回填入沟内，翻匀，最后用剩余土壤填满沟。追肥分土壤追肥和叶面追肥。土壤追肥常用穴施或浅沟施，针对桃树而言，通常施肥沟的外缘位于树冠外缘处，深度 20 ～ 30cm，施后盖土。叶面追肥，是将肥料溶于水后，进行叶面喷雾。因此，偏置式化肥施肥机、有机肥施肥机和高效精细弥雾机等是果园机械化生产施肥管理所必需的机械装备。偏置式振动深松化肥施肥机是中国农业科学院果树研究所为提高化肥的施用效率而研发的，由动力输入输出装置、振动开沟装置和施肥装置等组成，在施入化肥的同时，对土壤具有一定的疏松效果。技术参数如下：适于各种土壤条件，作业道宽度 1.5m 以上，留有 4m 以上行头；动力需求≥ 29.6kW；工作效率为 500 ～ 1 500m/h。农艺指标：施肥深度 20 ～ 40cm，施肥位置距离主干最近 30cm。

图 54　果园化肥施用机械偏置式振动沈松化肥施肥机

4. 中国农业科学院果树研究所研发的果园植保管理机械主要有哪些设备？其主要技术参数如何？

国际上农药使用技术不断改进、完善，为了减少环境污染，大量应用低容量、超低容量、控滴喷雾、循环喷雾、仿形喷雾、风送静电喷雾、隧道式循环喷雾、精确喷雾等一系列新技术、新机具，国内亦有不少相关研究，施药量大大降低，农药的利用效率和工效大幅度提高。目前的工作是急需开发我国果树种植者能够买得起并容易操作使用的高效精细喷雾机械装备。为提高果园病虫害防治和叶面肥喷施效率，中国农业科学院果树研究所研发出风送气送静电三结合式高效精细弥雾机，由动力输入输出装置、气送雾化装置、风送二次雾化和防飘逸装置、静电发生装置、电磁控制装置等组成，弥雾效果远优于一般弥雾机。技术参数如下：适于各种土壤条件，作业道宽度 1.5m 以上，留有 4m 以上行头；动力需求≥ 12kW；工作效率为 4 ～ 8 亩 /h。农艺指标：喷药半径 2 ～ 4m，液滴直径 30 ～ 100mm，适于各种栽培形式的果园。

5. 中国农业科学院果树研究所研发的果园动力机械技术参数如何?

动力机械是果园生产机械化的心脏，果园动力机械主要是各种拖拉机和同作业机械配套的内燃机。专用的果园拖拉机有两种类型：一种类型的体形较矮、重心低、转弯半径小，适用于果树行间或设施内作业；另一种类型具有 1m 以上的离地间隙，适用于跨越果树行间作业。我国农户果园中很少配备专用果园拖拉机，多是借用大田用拖拉机或三轮车动力代替，难以满足果园作业需求。因此研制开发适于我国国情的果园动力机械是实现果园机械化生产的重要内容之一。针对我国果园生产特点，中国农业科学院果树研究所研发出适于果树行间作业的橡胶履带拖拉机。该机是为开沟、施肥、碎草、喷药和修剪等果园机

图 55　风送气送静电结合式高效精细弥雾机
（左牵引式通用型，右篱架栽培模式用）

图 56　龙门架式普通喷雾机（篱架用）

械而研发，为上述机械设备提供动力，具有体积小、马力大、灵活机动、通过性高、对土壤破坏性小的特点。技术参数如下：适于各种土壤条件，作业道宽度 1.5m 以上，留有 4m 以上行头；动力输出≥ 47kW。农艺指标：可以实现原地回转，带有标准三点悬挂和动力输出，除安装专用设备外，还能加挂其他标准农机具。

十二、桃园病害防控

1. 桃褐腐病的发生范围与危害特征是什么？如何进行田间症状的识别？

（1）发生范围与危害 桃褐腐病又称果腐病、菌核病、实腐病等。该病害的发生最初报道于1796年，是一种世界性分布的病害。可寄生在桃、李、杏以及樱桃等核果类果树上，引起花腐、果腐和叶枯。我国从北到南各桃产区均有发生。北方桃园多在多雨年份危害比较严重。在春季桃树开花展叶期如遇低温多雨天气，该病害引起严重的花腐和叶枯；在生长后期如遇多雨潮湿天气，引起果腐，使果实丧失经济价值，严重危害桃园产量及果实品质。褐腐病除在桃园生产季节发生外，在运输以及贮藏期间也易发生，造成严重损失。

（2）症状与识别 褐腐病主要危害果实，也可危害花、叶片和枝条。果实自幼果期至成熟期均可受害，果实近成熟期受害较重。果实发病初期，在果实表面形成褐色圆形或近圆形水渍状病斑，随后如遇适宜条件，病斑迅速蔓延扩展至整果，果肉呈褐色软腐状，病斑表面产生同心轮纹状排列的灰褐色绒球状霉层（见彩图22），病果最终全部或大部分腐烂脱落，或干缩成僵果悬挂在枝条上不脱落（见彩图23）。该病在花期也可侵染，初期形成水渍状褐色病斑，然后迅速扩展至全花，变褐软腐，其上丛生灰色霉层，变干的病花附着在枝条上不脱落。病菌在春季侵染雄蕊、柱头、花瓣及萼片。幼叶边缘开始发病，变褐萎垂，呈冻害状，残留在枝条上。枝条感病，病花上的菌丝扩展到小枝上，产生椭圆形或梭形溃疡斑，边缘易流胶，当病斑环绕枝条1周，病部以上枝条枯死，其上叶片变褐色、干枯但不脱落。枝梢受害往往以病花为中心形成病斑。

2. 桃褐腐病的发生规律与防控重点是什么？如何对病害的发生进行测报？

（1）发生规律与防控重点 病菌主要以菌丝体在僵果或病枝溃疡部位越冬。翌年春季当气温回升之后，悬挂在桃树或落在地面的僵果及病枝表面产生大量的分生孢子，借助风雨或昆虫进行传播，进行初侵染；落在地面的僵果果肉和果皮硬化变黑，可形成假菌核，翌年春季菌核萌发形成漏斗状子囊盘，并释放出大量子囊孢子，也是重要的初侵染源。在病害发生严重地区，如遇多雨、高湿年份，仅仅依靠喷施杀菌剂防治桃褐腐病有一定的局限性。彻底清除越冬菌源，注意果园的卫生，及时防治虫害，加强果园管理，对于病害的控制具有重要作用。

（2）病害测报 褐腐病主要危害果实、新梢，也可侵染花器和叶片，病菌在枝条或落地的僵果和枝条溃疡斑上越冬，第二年春季借风雨传播，若花期多雨则花易染病，花后至 5 月上旬遇低温多雨枝梢易受危害形成溃疡斑，后期多雨易造成果腐。防治措施：花后 7 ～ 10d 开始喷药，每隔 10 ～ 15d 喷 1 次，至采收前 20d 停止。药剂可用 50%多菌灵 600 ～ 800 倍液、70%甲基硫菌灵 800 倍液、65%代森锌 500 倍液等。褐腐病的发生情况与虫害关系密切，在果实生长后期，及时控制虫害的发生，减少害虫对果实造成的伤口，也是褐腐病控制的关键因素。

3. 桃褐腐病的综合防控技术有哪些？

桃褐腐病的防控必须实行栽培防治、果园卫生和化学防治相结合，而且要从果树休眠期开始贯穿整个生长季节。

（1）农业栽培防治 桃树营养生长旺盛桃园容易郁闭，要注意合理修剪、科学施肥，增进园内和树冠通风透光，提高抗病力。

（2）保持果园卫生并及时清除侵染源 冬季休眠期清除树上残留和田间散落的僵果、病果、病枝，生长期清除树上的败育果和伤果、病果，集中销毁或深埋 5 cm 以下。

（3）化学药剂防治 休眠期药剂防治，发芽前喷施 50% 异菌脲可湿性粉剂 1 000 倍液或 70% 多菌灵悬浮剂或 50% 甲基硫菌灵悬浮剂 600 ～ 700 倍液，可兼防桃树炭疽病及疮痂病。在桃生长后期，果实采摘前 30 ～ 40d 开始喷施 25% 戊唑醇水乳剂或乳油 2 000 ～ 3 000 倍液或 40% 弗硅唑乳油 6 000 倍液等。生产中要注意交替或轮换使用药剂，防止产生抗药性。

4. 桃炭疽病的发生范围与危害特征是什么？如何进行田间症状的识别？

（1）发生范围与危害 桃炭疽病是我国桃树主要病害之一，分布于全国各桃产区。该病主要危害果实，严重时可造成落果，果实腐烂，枝条枯死，引起严重损失。

（2）症状与识别 幼果受害，果面呈暗褐色，发育停滞，萎缩硬化。稍大的果实发病，初生淡褐色水渍状斑点，以后逐渐扩大，呈红褐色，圆形或椭圆形，显著凹陷。后在病斑上有橘红色的小粒点长出，这是病菌的分生孢子盘（见彩图 24）。被害的幼果，除少数干缩成为僵果留在枝上不落外，大多数都在 5 月间脱落。果实将近成熟时染病，开始在果面产生淡褐色小斑点，逐渐扩大，成为圆形或椭圆形的红褐色病斑，显著凹陷，其上散生橘红色小粒点，并有明显的同心环状皱纹。果实上病斑数，自一个至数个不等，常互相愈合成不规则的大病斑。最后病果软化腐败，多数脱落，亦有干缩成为僵果悬挂在枝条上。新梢受害，初在表面产生暗绿色水渍状长椭圆形的病斑，后渐变为褐色，边缘带红褐色，略凹陷，表面也长有橘红色的小粒点。由于感病部分枝条两侧生长不均，病梢多向一侧弯曲。病梢上的叶片，特别是先端的叶片，常以主脉为轴心，两边向正面卷曲，有的卷曲成管状。发病严重时，病梢多枯死。叶片发病，产生近圆形或不整圆形淡褐色的病斑，病、健分界明显，后病斑中部褪成灰褐色或灰白色，在褪色部分，有橘红色至黑色的小粒点长出。最后病组织干枯，脱落，造成叶片穿孔。

5. 桃炭疽病的发生规律与防控重点是什么？如何对病害的发生进行测报？

（1）发生规律与防控重点 病菌主要以菌丝体在病梢组织内越冬，也可以在树上的僵果中越冬。第二年春季形成分生孢子，借风雨或昆虫传播，侵害幼果及新梢，引起初次侵染。以后于新生的病斑上产生孢子，引起再次侵染。雨水是传病的主要媒介，孢子经雨水溅到邻近的感病组织上，即可萌发长出芽管，形成附着胞，然后以侵染丝侵入寄主。菌丝在寄主细胞间蔓延，后在表皮下形成分生孢子盘及分生孢子。表皮破裂后，孢子盘外露，分生孢子被雨水溅散，引起再次侵染。昆虫对于传病亦起着重要的作用。此病的发生与降雨和空气湿度密切相关，病菌的分生孢子主要靠雨水传播。因此，侵染仅限降雨期间，而且孢子的萌发也需要水分，雨水多，病害发生严重。

（2）病害测报 病菌在病枝和树上僵果上越冬，第二年春借风雨传播，一般5月开始发生，7月为发病盛期。防治措施：发病初期开始喷药，每隔10d左右喷1次，连喷3～4次。药剂可用70%甲基硫菌灵800～1000倍液。

6. 桃炭疽病的综合防控技术有哪些？

（1）冬季或早春做好清园工作 剪除病枝梢及残留在枝条上的僵果，并清除地面落果。在花期前后，注意及时剪除陆续枯死的枝条，集中烧毁或深埋，这对防止炭疽病的蔓延有重要意义。

（2）加强栽培管理，搞好开沟排水工作 防止雨后积水，以降低园内湿度；适当增施磷、钾肥，促使桃树生长健壮，提高抗病力；注意防治害虫，避免昆虫传病。

（3）药剂防治 在早春桃芽刚膨大尚未展叶时，约在3月上中旬喷洒2次5波美度石硫合剂加0.3%五氯酚钠。每隔10d左右喷药1次，共喷3～4次。药剂以50%退菌特1000倍液和5%田安500倍液效果最好。

（4）果园内套袋时间要适当提早，以在5月上旬前套完为宜 套袋前应先摘除病果，喷1次杀菌剂，然后进行套袋。

7. 桃细菌性穿孔病的发生范围与危害特征是什么？如何进行田间症状的识别？

（1）发生范围与危害 桃细菌性穿孔病是桃树上最常见的叶部病害，广泛分布于全国各桃产区。桃树感染此病可造成大量叶片穿孔脱落，枝梢枯死，树势削弱，影响花芽分化，造成巨大损失。

（2）症状与识别 危害叶片、新梢及果实。叶片受害，开始时产生半透明油浸状小斑点，后逐渐扩大，呈圆形或不整圆形，紫褐色或褐色，周围有淡黄色晕环（见彩图 25、26）。天气潮湿时，在病斑的背面常溢出黄白色胶黏的菌脓，后期病斑干枯，在病、健部交界处，发生一圈裂纹，仅有一小部分与叶片相连，因此，很易脱落形成穿孔。有时叶片边缘多数病斑互相愈合，使叶缘表现焦枯状。病叶变黄，容易早期脱落。枝梢受害后，产生两种不同类型的病斑：一种称春季溃疡，另一种称夏季溃疡。春季溃疡在前一年夏末秋初病菌就已感染，病斑油浸状，微带褐色，稍隆起；由于病斑很小，当时不显著。但到第二年春季逐渐扩展成为较大的褐色病斑，中央凹陷，病组织内有大量细菌繁殖。春末病部表皮破裂，溢出黄色的菌脓，为病害初次侵染的主要来源。夏季溃疡是在夏季发生于当年抽生的嫩梢上，开始时环绕皮孔形成油浸状、暗紫色斑点，以后斑点扩大，成圆形或椭圆形，褐色或紫黑色，周缘隆起，中央稍下陷，并有油浸状的边缘。夏季溃疡的病斑不易扩展，并且会很快干枯，故传病作用不大。果实被害，产生暗紫色圆斑，边缘有油浸状晕环。病斑表面和它的周围常发生小裂缝，严重时发生不规则的大裂缝。

8. 桃细菌性穿孔病的发生规律与防控重点是什么？如何对病害的发生进行测报？

（1）发生规律与防控重点 病菌可以在落叶中越冬，但对第二年病害的传播不起重要作用。枝梢上的溃疡是病害初次侵染的主要来源。到第二年春季，细菌大量繁殖，形成溃疡，并溢出菌脓，这时新的枝叶已抽生，易被感染，故春季溃疡是初侵染的主要来源。夏季溃疡中的细菌，一般不能越冬。细菌通过风雨传播，有时也可由昆虫传播，从叶上的气孔和枝梢、果实上的皮孔侵入。侵入后的潜育期，一般为 1 ～ 2 星期，气温较低时，可延长至 20 ～ 25d。病害一般在 5 月上中旬开始发生，6 月梅雨期蔓延最快。夏季高温干旱天气，病害发展受到抑制，至秋雨期又有一次扩展过程。温暖多雨的气候有利于发病，大风和重雾能促进病害的盛发。树势衰弱和排水通风不良的桃园，发病较严重。

（2）病害测报 细菌性穿孔病主要危害叶片，也侵染枝梢和果实。叶片受害造成穿孔，一片叶发生十几至几十个孔，易引起早期落叶。病原为细菌，主要在枝条病斑内越冬，开花前后通过风雨飞溅传播，一般5月上中旬开始发病。防治措施：加强管理，增强树势。春季喷1次4～5波美度石硫合剂，发病初期开始每7～10d喷1次杀菌剂（锌铜波尔多液、农用链霉素、可杀得、必备等）。

9. 桃细菌性穿孔病的综合防控技术有哪些?

（1）消灭越冬菌源 枝梢上的溃疡，应结合冬季修剪，彻底剪除，并集中烧毁；落于果园地面的枯枝和落叶，也应清除。

（2）喷药保护 在桃树发芽前可喷3～5波美度石硫合剂，或0.8%波尔多液。在5～6月间于病害开始发生时，喷硫酸锌石灰液，配方为硫酸锌500g，消石灰2kg，水120kg。

（3）注意桃园排水，合理修剪，使树冠通风透光良好，降低园内湿度，以不利病菌蔓延 预防果实发病，可于5月上中旬进行套袋。

（4）桃树不宜与李、杏、樱桃等易感病的果树混栽，避免互相传染 李树对细菌性穿孔病的感病性很强，往往成为果园内的发病中心，然后传染到桃树上。因此，在以桃树为主的果园，应将李、杏、樱桃等果树栽植到距离较远的地方。

10. 桃树腐烂病的发生范围与危害特征是什么？如何进行田间症状的识别?

（1）发生范围与危害 桃树腐烂病又名干枯病，在我国大部分桃产区均有发生，是桃树上危害性较大的一种枝干病害。感病的桃树枝条枯死，枝干上形成溃疡斑，严重削弱树势。发病严重时可使整株死亡。

（2）症状与识别 桃树腐烂病多发生在主干、主枝、侧枝上，有时主根基部也受害。发病部位多在枝干向阳面及枝杈处。发病初期病部稍隆起，呈水浸状，有时外部可见米粒大的流胶，按之下陷，轮廓呈长椭圆形；病部初为黄白色，渐变为褐色、棕褐色至黑色；胶点下病组织呈黄褐色湿润腐烂，病组织松软、糟烂，腐烂皮层有酒糟味。后期腐烂组织干缩凹陷，表面产生灰褐色钉头状突起，如撕开表皮，可见许多似眼球状的黑色突起，表面产生小黑点，潮湿条件下小黑点上可溢出橘黄色丝状孢子角。当病斑扩展环绕枝干一周时，即造成枝干枯死甚至全树死亡。（见彩图 27、28）

11. 桃树腐烂病的发生规律与防控重点是什么？如何对病害的发生进行测报？

（1）发生规律与防控重点 病原菌以菌丝体、子囊壳及分生孢子器在枝干病组织中越冬；第二年病原菌借风雨及昆虫传播，主要从伤口侵入危害，也可经皮孔侵入。冻害造成的伤口是病原菌侵入的主要途径。病原菌侵入后主要在皮层内扩展危害，严重时也可侵害浅层木质部。该病自早春到晚秋都可发生，但以 4 ～ 6 月发病最盛，危害最严重。土壤黏重，有机质缺乏，偏施氮肥及枝干害虫发生多的果园，腐烂病常发生较重。

（2）病害测报 桃树腐烂病 3 ～ 4 月开始发病，5 ～ 6 月进入发病盛期，夏季高温病斑停止扩展。冻伤常是诱发桃树腐烂病的重要原因。冻害，树势衰弱及管理粗放是该病流行的主要诱因。

12. 桃树腐烂病的综合防控技术有哪些？

（1）加强栽培管理 合理施肥，及时排水，防治虫害，改善栽培条件，以增强树势，提高抗病能力。冬季修剪后保护剪口，防止病菌侵入。彻底清除枯枝落叶，集中处理，减少侵染来源。

（2）刮治病斑 从 2 ～ 3 月起应经常检查桃树枝干，发现病斑应及时刮治。彻底刮除变色病皮，然后涂抹杀菌剂进行伤口保护。桃树生长季节造成的伤口很难愈合，极易流胶。因此刮治后必须涂伤口保护剂。可用 45% 石硫合剂结晶 30 倍液消毒，再用 80% 乙蒜素乳油 100 倍液涂抹。也可在桃树发芽前喷洒 30% 多菌灵悬浮剂 700 ～ 800 倍液。

13. 桃树流胶病的发生范围与危害特征是什么？如何进行田间症状的识别？

（1）发生范围与危害 桃树流胶病，包括生理性和侵染性流胶两种。症状表现为桃树皮层腐烂、树势衰弱。我国1982年首次报道，目前全国各桃产区均有发生。桃树流胶过多，会严重削弱树势，引起枝干枯死。

（2）症状与识别 侵染性流胶病主要发生在枝干上，也可危害果实。一年生枝染病，初时以皮孔为中心产生疣状小突起，后扩大成瘤状突起物，上面散生针头状黑色小粒点，翌年5月病斑扩大开裂，溢出半透明状黏性软胶，后变茶褐色，质地变硬，吸水膨胀成胨状胶体，严重时枝条枯死（见彩图29）。多年生枝受害产生水泡状隆起，并有树胶流出，受害处变褐坏死，严重者枝干枯死，树势明显衰弱。果实染病，初呈褐色腐烂状，后逐渐密生粒点状物，湿度大时粒点口溢出白色胶状物。生理性流胶主要发生在主干、主枝上。发病初期，病部稍肿胀，早春感病处流出半透明乳白色树胶，尤其雨后严重。流胶干燥后变褐色，表面凝固呈胶状，后期硬化呈琥珀状。

14. 桃树流胶病的发生规律与防控重点是什么？如何对病害的发生进行测报？

（1）发生规律与防控重点 病菌以菌丝体、分生孢子器和子囊座在枝干组织中越冬。翌年春季产生分生孢子或子囊孢子，通过风雨传播，萌发后从伤口或皮孔侵入，引起初侵入。潜育期6～30d，有的病部分生孢子器形成分生孢子进行再侵染。一般6月为发病盛期。虫害、冻害、水肥不当、修剪过重、栽植过密、结果过多等都有利于流胶病的发生。

（2）病害测报 一般4～10月，雨季特别是长期干旱后偶降暴雨，流胶病严重。树龄大的桃树流胶严重，幼龄树发病轻。果实流胶与虫害有关，椿象危害是果实流胶的主要原因。沙壤和砾壤土栽培流胶病很少发生，黏壤土和肥活土栽培流胶病易发生。

15. 桃树流胶病的综合防控技术有哪些?

（1）加强桃园管理，增强树势 增施有机肥，低洼积水地注意排水，酸碱土壤应适当施用石灰或过磷酸钙，改良土壤，盐碱地要注意排盐，合理修剪，减少枝干伤口，避免桃园连作。

（2）防治枝干病虫害，预防病虫伤，及早防治桃树上的害虫如介壳虫、蚜虫、天牛等 冬春季树干涂白，预防冻害和日灼伤。

（3）药剂保护与防治 早春发芽前将流胶部位病组织刮除，伤口涂护树将军乳液，可有效防治流胶病。在桃树休眠期使用环扎技术，可有效防治流胶病，并可控稍促花，提高果实来年质量。

16. 桃树疮痂病的发生范围与危害特征是什么? 如何进行田间症状的识别?

（1）发生范围与危害 又叫黑星病。主要危害桃的果实，也可危害新梢和叶片。

（2）症状与识别 果实发病多在果肩部及果缝两侧，初期出现暗褐色圆形小点，后呈黑痣状斑点，直径 2 ～ 3mm，病情严重时病斑聚合成黑色斑块，病菌只在果皮扩展，不深入果肉，不引起果肉腐烂。由于果肉继续生长，病斑皮层常龟裂露出果肉，果面呈疮痂状。果梗受害，可引起早期落果。新梢受害，发生浅褐色椭圆形病斑，后变暗褐色，病部隆起，发生流胶。病菌只侵染表皮。第二年春病斑上长出黑色小粒点。 叶片受害，初期在背面产生多角形或不规则形紫红色至暗褐色斑，最后病斑形成穿孔而枯落。

17. 桃树疮痂病的发生规律与防控重点是什么? 如何对病害的发生进行测报?

（1）发生规律与防控重点 病原菌有性态为嗜果黑星菌，子囊菌亚门黑星菌属，中国尚未发现。还有无性态为嗜果枝孢菌。病菌以菌丝体形态在枝条病斑组织中或以厚垣孢子形态在树皮表面越冬，成为下年初侵染的唯一侵染源。菌丝生长适宜温度为 20 ～ 30℃。相对湿度达 70% ～ 100%，越冬病菌可产生分生孢子，一般从桃树开花前后开始产孢，产孢数量受空气相对湿度和阳光辐射的影响，孢子随风雨飞散。在桃树落花后的2个多月期间，空中孢子数量最多。分生孢子生活力下降很快，但当天气条件适宜时，新生分生孢子陆续迅速产生。分生孢子在水中萌发最好，当没有自由水时，在94%～100%的高湿度下也能萌发。

（2）病害测报 桃幼果期感病。关于疮痂病菌侵染桃果的时间，有人认为桃花萼脱落后，幼果表面密生桃毛，阻碍病菌侵染，在花萼开裂后2～6周，桃果遭受侵染的危险最大。油桃果面无毛，侵染时间可能稍早。另外一些人根据田间防治试验结果提出，从花萼开裂即应开始喷药预防。侵染过程的潜育期很长，侵入桃果后经40～70d才出现症状，早熟的品种，可能在发病前即成熟采摘。小枝上潜育期在25d以上，有的在第二年春季才显现症状。叶上潜育期 25～45d。

18. 桃树疮痂病的综合防控技术有哪些?

（1）农业防治 清除病残体，彻底剪除树上枯枝病梢，疏除过密枝，防止树冠郁闭，增进通风透光。

（2）药剂防治 桃树萌芽前，喷布3～5波美度石硫合剂，压低初侵染病原体密度，以减轻初侵染时的程度或使之延迟发生，生长期从花萼开裂后一两周开始喷药，以后每间隔 2～3 周喷施 1 次， 共喷 3 次，晚熟品种再多喷1次，间以花萼开裂后约 3 周施药最为重要，药剂可选用40%氟硅唑乳油6 000倍液、40%腈菌唑可湿性粉剂6 000倍液、12.5%烯唑醇可湿性粉剂2 000倍液等。

19. 桃树褐斑穿孔病的发生范围与危害特征是什么？如何进行田间症状的识别?

该病主要危害叶片，初生圆形或近圆形病斑，边缘紫色，略带环纹；后期病斑上长出灰褐色霉状物，中部干枯脱落，形成穿孔，穿孔的边缘整齐，穿孔多时叶片脱落（见彩图31）。

20. 桃树褐斑穿孔病的发生规律是什么？

以菌丝体在病叶或枝梢病组织内越冬。气温回升，高湿条件下产生分生孢子，侵染叶片、新梢和果实。低温多雨有利于病害的发生和流行。

21. 桃树褐斑穿孔病的综合防控技术有哪些？

（1）农业防治　加强管理。增施有机肥，合理修剪，注意排水，增强通透性。

（2）药剂防治　落花后喷 430g/L 戊唑醇悬浮剂 4 000 倍液、80% 代森锰锌可湿性粉剂 800 倍液、50% 甲基硫菌灵·硫黄悬浮剂 800 倍液、75% 百菌清可湿性粉剂 700 ～ 800 倍液，7 ～ 10d 喷 1 次，共喷 3 ～ 4 次。

22. 桃树缩叶病的发生范围与危害特征是什么？如何进行田间症状的识别？

桃树缩叶病主要危害叶片，严重时也可以危害花、幼果和新梢。嫩叶感病后，感病叶片向正面卷曲，颜色发红。感病嫩叶初期呈波纹状，随着叶片逐渐展开，卷曲及皱缩的程度随之增加，严重时叶片完全变形。病叶卷曲皱缩，增厚变脆，呈淡黄色至红褐色；后期在病叶表面长出一层灰白色粉霜，病叶最后干枯脱落。受害严重的全株叶片变形，嫩梢枯死。（见彩图 32）

23. 桃树缩叶病的发生规律是什么？

（1）病原　畸形外囊菌，子囊菌亚门，外囊菌目。

（2）发生规律　病菌芽殖最适温度为 20℃，最低在 10℃以下，最高为 26 ～ 30℃。侵染最适温度为 10 ～ 16℃。芽孢子能抗干燥，厚膜芽孢子耐寒力更强，在果园内可存活 1 年以上。一般气温在 10 ～ 16℃时，桃树最易发病，而温度在 21℃以上时发病较少。另外，湿度高的地区有利于病害的发生。从品种上看，以早熟桃发病较重，晚熟桃发病轻。

24. 桃树缩叶病的综合防控技术有哪些？

（1）农业防治 加强果园管理，增强树势，在病叶初可见而未形成白粉状物之前及时摘除病叶，集中烧毁或深埋。

（2）化学防治 在花瓣刚露红未展开时，全树喷布一次 2 ～ 3 波美度石硫合剂，在落花后半个月开始喷一遍 20% 粉锈宁乳油 2 000 倍液，隔 7 ～ 10d 后再喷一遍，可以杀死病体内的病原菌，阻止该病扩展。注意粉锈宁药液的浓度不要低于 2 000 倍，否则会产生药害，引起花果脱落。

十三、桃园虫害防控

1. 梨小食心虫的危害症状与发生规律是什么？如何进行防治？

（1）危害症状 危害桃树的新梢，小幼虫由新梢叶梗基部蛀入，一直蛀到木质部，并在木质部内取食。受害后萎蔫枯死，俗称“截梢虫”。幼虫危害果多从萼、梗洼处蛀入，早期被害果蛀孔外有虫粪排出，晚期被害果多无虫粪。幼虫蛀入直达果心，高湿情况下蛀孔周围常变黑，腐烂渐扩大，俗称“黑膏药”。（见彩图 33）

（2）形态特征 初孵幼虫白色，体长约 1.5mm。头和前胸背板褐色。老熟幼虫桃红色，体长 10 ～ 14mm，头褐色，前胸背板黄白色。成虫为小型蛾，体长 4.6 ～ 6.0mm，翅展 10.6 ～ 15mm，体灰褐色，无光泽，前翅前缘有 10 组白色斜纹，翅中央有一小白点，后翅浅茶褐色，腹部灰褐色。卵扁圆形，中央隆起，周缘扁平，淡黄白色，半透明，表面有褶皱。蛹体长约 7.0mm，黄褐色，腹部第 3 ～ 7 节背面，每节有 2 排短刺。茧丝质白色，长椭圆形，长约 10mm。

（3）发生规律 梨小食心虫在我国各地的发生代数因气候差异而不同，在辽宁和华北地区 1 年发生 3～4 代。梨小食心虫有转主危害习性。在发生 3～4 代地区，第 1、2 代幼虫主要危害桃梢，第 3、4 代幼虫主要危害果实。无论发生几代，均以老熟幼虫在枝干裂皮缝隙、树洞和主干根颈周围的土中结茧越冬，第二年春季 4 ～ 5 月中旬开始化蛹，直到 6 月中旬。发生期很不整齐，造成世代重叠，完成 1 代需 40d 左右。在华北地区危害梨果主要是 3、4 代幼虫。在 7 月中、下旬，即果糖分转化、果实迅速膨大期蛀果直至采收，成虫多产卵在果面，每雌虫产卵 70 ～ 80 粒，成虫对糖醋液有趋性。

（4）防治方法 ①物理防治：春季细致刮除树上的翘皮，可消灭越冬幼虫；生长季及时摘除被害桃梢，减少虫源，减轻后期对果实的危害。②生物防治：以梨小食心虫诱芯为监测手段，在蛾子发生高峰后 1 ～ 2d，人工释放松毛赤眼蜂，每公顷 150 万头，每次 30 万头 / hm^2，分 4 ～ 5 次放完，可有效控制梨小食心虫危害。③药剂防治：结合测报，在成虫发生高峰后 3d 进行喷药防治，药剂种类主要有 2.5% 溴氰菊酯乳油 2 500 倍液、10% 氯氰菊酯 2 000 倍液、40% 水胺硫磷 1 000 倍液、30% 桃小灵 1 500 ～ 2 000 倍液、1.8% 阿维菌素 3 000 ～ 4 000 倍液。

2. 蚜虫的危害症状与发生规律是什么？如何进行防治？

危害桃树的蚜虫主要有桃蚜、桃瘤蚜。（见彩图 34、35）

（1）危害症状　桃蚜也称烟蚜，以成虫和若虫群集在芽、叶、嫩梢上吸取汁液。被害叶片向背面不规则卷曲皱缩，叶色变黄，以致干枯；其分泌物易诱发煤污病。桃瘤蚜，又称桃瘤头蚜，危害叶片，使受害叶片从边缘向背纵卷，蚜虫在卷叶内危害并繁殖。被害处组织增厚，凹凸不平，呈绿色或桃红色，严重时全叶卷曲，呈绳状，最后干枯，脱落。

（2）形态特征　桃蚜无翅孤雌蚜体长约 2.6mm，宽 1.1mm，体色有黄绿色、洋红色。腹管长筒形，是尾片的 2.37 倍，尾片黑褐色；尾片两侧各有 3 根长毛。有翅孤雌蚜体长 2mm，腹部有黑褐色斑纹，翅无色透明，翅痣灰黄或青黄色。有翅雄蚜体长 1.3 ～ 1.9mm，体色深绿色、灰黄色、暗红色或红褐色，头胸部黑色，卵椭圆形，长 0.5 ～ 0.7mm，初为橙黄色，后变成漆黑色而有光泽。有无翅胎生蚜和有翅胎生蚜之分。无翅胎生雌蚜体长 2.0 ～ 2.1mm，长椭圆形，较肥大，体色多变，有深绿、黄绿、黄褐色，头部黑色。若虫与有翅胎生雌蚜相似，体较无翅胎生蚜小，有翅芽，淡黄或浅绿色，头部和腹管深绿色。 卵椭圆形，黑色。

（3）发生规律　桃蚜一般营全周期生活。早春，越冬卵孵化为干母，在冬寄主上营孤雌胎生，繁殖数代皆为干雌。当断霜以后，产生有翅胎生雌蚜，迁飞到十字花科、茄科作物等寄主上危害，并不断营孤雌胎生繁殖出无翅胎生雌蚜，继续进行危害。直至晚秋当夏寄主衰老，不利于桃蚜生活时，才产生有翅性母蚜，迁飞到冬寄主上，生出无翅卵生雌蚜和有翅雄蚜，雌雄交配后，在冬寄主植物上产卵越冬。越冬卵抗寒力很强，即使在北方高寒地区也能安全越冬。桃蚜也可以一直营孤雌生殖的不全周期生活，比如在北方地区的冬季，仍可在温室内的茄果类蔬菜上继续繁殖危害。桃瘤蚜 1 年发生 10 余代，有世代重叠现象。以卵在桃、樱桃等果树的枝条、芽腋处越冬。翌年寄主发芽后孵化为干母。群集在叶背面取食危害，形成上述危害状，大量成虫和若虫藏在似虫瘿里危害，给防治增加了难度。

（4）防治方法 ①物理防治：黄板诱蚜。把涂满橙黄色 66cm 见方的塑料薄膜，从 66cm 长、33cm 宽的长方形框的上方使涂黄面朝内包住夹紧，再在没涂色的外面涂以机油。这样可以大量诱杀有翅蚜。②药剂防治：休眠期桃树发芽前喷 3 ～ 5 波美度石硫合剂，最佳时期是桃树叶芽露绿、花芽现蕾时，可选药剂有 10% 吡虫啉可湿性粉剂 3 000 倍液、3% 啶虫脒乳油 2 500 倍液、48% 乐斯本乳油 2 000 倍液。在果树生长季，如有蚜虫危害，也可使用上述药剂防治。

3. 叶螨的危害症状与发生规律是什么？如何进行防治？

危害桃的叶螨主要是山楂叶螨。（见彩图 36）

（1）危害症状 山楂叶螨主要以幼螨、若螨、成螨危害叶片，常群集在叶片背面的叶脉两侧拉丝结网，并在网下刺吸叶片的汁液。被害叶片出现失绿斑点，甚至变成黄褐色或红褐色，焦枯，乃至脱落。

（2）发生规律 山楂叶螨以受精雌成螨在树干、主枝的翘皮下或土壤缝隙内越冬，所以喷药时一定要均匀，树体各部位包括树干翘皮和地面需要全部喷到。在果树萌芽期，越冬雌成螨开始出蛰，爬到花芽上取食危害，有时 1 个花芽上有多头雌螨危害。果树落花后，成螨在叶片背面危害，这一代发生期比较整齐，以后各代出现世代重叠现象。

（3）防治方法 ①农业防治：休眠期刮除树干上的老翘皮，消灭越冬雌成螨。②药剂防治：果树萌芽期和落花后是防治关键时期。常用药剂有 20% 三唑锡悬浮剂 1 000 倍液、 20% 螨死净乳油 2 000 ～ 3 000 倍液（杀卵）、5% 尼索朗乳油 2 000 倍液（杀卵）、20% 哒螨灵乳油 3 000 倍液、5% 霸螨灵乳油 2 000 倍液等。

十四、桃园病毒病防控

1. 桃潜隐花叶类病毒的危害症状与发生规律是什么？如何进行防治？

（1）危害症状 主要在春季萌芽时开始表现，叶片表现有花叶、白斑、大面积白化、黄化；花瓣出现紫色裂纹；果实畸形、褪色、形成链状洼陷；萌芽、开花、果实成熟延迟；芽坏死；枝干木质部产生茎痘斑；树体稀疏，提前老化，造成的经济损失相当严重。（见彩图 37）

（2）发生规律 该病害主要通过带毒无性材料的嫁接传播，并随无性繁殖材料的异地调运或出口进行远距离扩散。修剪工具的田间污染也是传毒的主要途径，传毒频率为 50% ～ 70%，桃蚜也可传播该病害，但不会通过种子和花粉进行传播。

（3）防治方法 预防为主。建立脱毒苗资源圃，种植健康繁殖材料；也可采用弱毒株系进行交叉保护。

2. 苹果褪绿叶斑病毒的危害症状与发生规律是什么？如何进行防治？

（1）危害症状 不表现明显的危害，但引起慢性衰退。强毒株系能够在枝干上引起茎痘斑，在叶片上引起黄化线纹斑或红褐色环形病斑，在一些早熟桃果实上产生褪绿环斑或斑驳，类似李痘病毒的症状，此外，还可引起砧穗不亲和及苗木根系发育不良，对桃苗造成严重危害。

（2）发生规律 可通过嫁接和机械摩擦传播，通过带毒的接穗、砧木和苗木远距离传播，主要由于早期接穗带毒传播，至今未发现有任何传毒虫媒，也无花粉、种子等传播的报道。

（3）防治方法 培育和栽培无病毒苗木；利用抗病毒转基因工程培育抗ACLSV的桃树品种；交叉保护来防治发生率较高的地区。

3. 李坏死环斑病毒的危害症状与发生规律是什么？如何进行防治？

（1）危害症状 ①急性症状：病株萌芽受阻，花和叶芽死亡或部分坏死，枝条枯死或形成腐烂斑，叶片上出现褪绿环或坏死斑点。②慢性症状：病株生长衰弱，主干直径变小，侧枝和叶芽枯死，树皮粗糙，果实成熟期推迟，果实木栓化和开裂。

（2）发生规律 在自然条件下通过花粉、种子和无性繁殖及污染的机械传播。春季感染潜育期为几周，其他季节感染潜育期为8～9个月。

（3）防治方法 加强检疫，禁止从疫区引种；培育无毒苗木，选用无毒接穗；技术清除和销毁发病植株。

4. 李矮缩病毒的危害症状与发生规律是什么？如何进行防治？

（1）危害症状 引起矮化症状，1～2个主枝条节间缩短导致枝条顶层变浓密，丛簇，其他枝条依旧生长旺盛；叶片出现典型的环斑，许多花发育延迟，花萼不规则。

（2）发生规律 通过嫁接、花粉和种子传播。

（3）防治方法 种植无病毒植株，也可采用茎尖脱毒获得无病毒植株。

5. 李痘病毒病的危害症状与发生规律是什么？如何进行防治？

1930年在保加利亚桃树上发现。

（1）危害症状 春天引起花瓣褪色；叶片上形成褪绿斑、褪绿带或者褪绿环、脉黄或者黄化，甚至是叶变形；感染的果实出现褪绿斑、黄化环、褪绿线条纹，最终受害果实变形或者畸形，并出现褐色及坏死区，病果内部褐化，提前脱落。危害症状会因桃树品种、年龄、温度、PPV 株型差异而有所差异。

（2）发生规律 通过汁液传播，不能通过剪枝和嫁接的工具传播。主要通过一些蚜虫进行非持久性传播。PPV 的初始浓度在 7 ～ 9 月开始下降，早熟品种比晚熟品种症状更严重。

（3）防治方法 加强检疫和检测；培育无毒苗木，选用无毒接穗；培育抗性品种。

十五、自然灾害防御

1. 什么是桃树冻害？桃树冻害有哪些类型？

（1）桃树冻害的定义 是指桃树遭受的0℃以下较强的低温危害。

（2）桃树冻害的类型 桃树常见冻害有以下六种类型。①嫩枝冻害：停止生长较晚、发育不成熟的嫩枝，其组织不充实，保护性组织不发达，容易受冻害而干枯死亡。②枝条冻害：发育正常的枝条，其耐寒力虽比嫩枝强，在温度太低时也会发生冻害。有些枝条外观看起来无变化，但发芽迟，叶片瘦小或畸形，生长不正常，剖开木质部色泽变褐，之后形成黑心，这是冻害。③枝杈冻害（见彩图38）：受冻枝杈皮层下陷或开裂，内部由褐变黑，组织死亡，严重时大枝条也相继死亡。④根茎冻害：根茎系指干基，受冻后根茎皮层变黑死亡，轻则发生于局部，重则形成黑环，包围干周，全株死亡。⑤根系冻害：在地下生长的根系，冻害不易被发现，但严重影响地上部的生长。表现在春季萌芽晚或不整齐，或在放叶后又出现干缩等现象。刨出根系，发现外部皮层变褐色，皮层与木质部分离，甚至脱落。⑥花芽冻害：在早春因花芽解除休眠早，当春季气温上升而又出现霜冻时，花芽遭受冻害。严重时全部花芽受冻死亡。轻则内部组织变褐，使花期发育迟缓或呈畸形，影响授粉和结果，造成严重减产。

2. 防御桃树冻害的措施主要有哪些？

（1）树盘培土 进入冬季，可在树盘周围培20～25cm厚土层，有保护树体的作用。但不要在树盘上取土，以防根系裸露受冻害，培土要干、细。待翌年早春气温回升时，如果防寒土层内温度高于10℃，则应及时除土，第一次扒土一半，第二次全部扒除。

（2）主干防冻 用生石灰1kg、水6kg、石硫合剂原液或硫黄各1kg，食盐和油脂各少许，制成白涂剂，涂白树干，也可用稻草包扎主干，以利于桃树防寒越冬。（见彩图39）

（3）树冠防寒 对幼树和衰弱的树，可用稻草、薄膜等覆盖树冠，保护树体。对于长势良好的树，结合冬剪及时把弱枝、枯枝、病虫枝、迟发嫩梢剪除，以增强树体养分积累，确保桃树安全越冬。

（4）雪天防寒 下大雪时，要及时摇落树上积雪，以免积雪后压断树枝，切不可用竹棍敲打积雪，损伤皮芽，造成伤口而降低抗寒力。树盘周围的积雪要及时扒开，推出园外。大雪初晴的傍晚应在园内以每亩桃园堆6堆烟熏升温，待第二天太阳出来后8点左右停止熏烟，连续2～3个夜晚，有很好的驱寒和防霜冻的效果。

（5）栽培措施 主要包括适时定植、定植深度适宜、适时浇灌冻水、桃树夏季适时摘心、秋季控制灌水、喷施叶面肥（例如中国农业科学院果树研究所研制的氨基酸系列液体肥喷施桃树，能调节树体生长，促进生根发芽，提高果实含糖量和着色程度，并能提高桃树抗冻能力）等技术措施。

（6）冻害的补救措施 桃树受冻后，早春要及时追施腐熟后的稀薄有机肥，并在萌芽后剪除枯死的部分并喷施中国农业科学院果树研究所研制的氨基酸系列液体肥，以利于桃树迅速恢复树势。

3. 什么是桃树霜害？桃树霜害主要有哪些类型？

（1）桃树霜害的定义 是指桃树在生长期夜晚土壤和植株表面温度短时降至零度或零度以下，引起桃树幼嫩器官遭受伤害的现象。多发生在早秋或晚春，当寒流侵袭时，气温骤降凝霜，使处在生长状态的桃树遭受伤害，形成霜害。其实霜害也是低温引起的一种冻害。由于霜害发生的时间不同， 通常将秋季开始发生的霜害叫作早霜，春末发生的霜害叫作晚霜，桃树常遭晚霜危害，因此防治霜害是使桃树正常生长， 提高坐果率而采取的必要措施之一。

（2）桃树霜害类型 ①辐射霜害；②平流霜害；③混合霜害。

4. 防御桃树霜害主要有哪些技术措施？如果已经遭受霜害，如何补救？

（1）防御桃树霜害的主要措施 ①选择无霜地建园：霜害是冷空气集聚的结果，如空气流通不畅的低洼地、闭合的山谷地，容易形成霜害，因此，应避免在这些地区建园。若建园在森林边缘、南向坡地，则可避免霜害的危害。在寒流吹入方向建防风林也可避免霜害的发生。②选择抗冻品种：选择花期较晚的品种或花期虽早但抗冻力强的品种躲避霜害。③熏烟：霜害发生期，注意天气变化，在桃园内设置温度测量设备，随时观察。提前在桃园准备好燃烧物，如树枝、 秸秆、落叶等，找好方向，每亩桃园设置 3 ～ 4 个烟堆，根据当地天气预报，当夜晚温度降至 2℃时，开始点火发烟，形成烟幕，防止土壤热量的辐射散发，同时烟雾可吸收湿气，使水汽凝成液体，释放出热量，保护桃树，做到冒烟不冒火，直到天亮为止。防霜烟雾剂的常用配方：硝酸铵 20% ～ 30%，锯末 50% ～ 60%，废柴油 10%，细煤粉 10%，将其搅拌均匀装入容器内备用。④延迟萌芽，避开霜害：在开花前灌水，可显著降低地温，推迟花期 2 ～ 3d；将树干涂白，通过反射阳光，使树体温度减缓升高速度，可推迟花期 3 ～ 5d；树体萌芽初期，全树喷布氯化钙 200 倍液，可推迟花期 3 ～ 5d。⑤对易受霜害的桃树要加强管理，对树体整形修剪时，减少贴近地面的结果枝量，扩大留枝范围。用防御冻害的涂白剂将树干涂白可预防桃树形成层冻害，提高桃树抗霜害能力。⑥水的热容量很大，对气温有调节作用，所以霜来之前果园进行灌水可以防霜害，霜来时用喷雾器或喷灌给桃树喷水，预防霜害有一定效果。

（2）补救措施 桃树遭受霜害后，应加强肥水管理，叶面喷布中国农业科学院果树研究所研制的氨基酸微肥，增强树体营养，同时进行人工授粉等来提高坐果率，如喷布硼砂或硼酸等恢复树势，降低减产幅度。受霜害后，由于无法合成足够养分，应加强疏果控制坐果量，受霜害后，病果和果形不正的果较多，疏果时选留正常果。坐果量减少，当年新梢太旺的，要注意利用摘心、喷施植物生长抑制剂如烯效唑等，控制生长势。

5. 什么是桃树雪害？容易遭受雪害的原因有哪些？

（1）桃树雪害的定义 指冬季降雪过多、积雪过厚、雪层维持时间过长，致使桃树压裂、压断树枝，并因融雪期融冻交替，冷热不均引起冻害，轻者引起花芽冻害，削弱树势，降低产量；重者折梢劈枝，植株歪倒。近年兴起的设施栽培由于大雪过厚，易压塌塑料大棚而造成损失。

（2）容易遭受雪害的原因 桃树雪害的指标为越冬期雪层厚度持续 4 个月超过 5cm。遭受雪害的主要原因是厚雪层下温度较高，光合作用微弱而呼吸作用旺盛，桃树体内糖分大量消耗，形成饥饿状态。同时，雪层下的桃树还易受病菌的危害，使叶片及基部组织腐败而全株死亡。桃树重茬地病菌菌源较多，秋季灌溉过量、过晚，或地势低洼积水的桃园都易诱发病害，雪害也更严重。

6. 防御桃树雪害主要有哪些措施？

（1）设立支柱，提前修剪 在下大雪前，对幼龄桃树设立支柱，对枝量过多的桃树应提前修剪；做好温室和塑料大棚的加固工作。

（2）在雪后应尽快摇落树上积雪，避免枝干断裂 下大雪后，及时摇抖树上积雪，尤其是常绿桃树，可减轻树冠压力，减免雪融化时冻伤花芽。并将积雪扫、推、铲到桃树下，稳定地温，蓄水保墒，御寒防冻。

（3）及时治疗雪压伤压断枝条 对折伤轻的枝，先将伤枝内的雪、落叶等杂物清除干净，再把折伤枝两侧树皮刮削至鲜活形成层，然后用木板夹住，用木棍、绳索顶起或吊起，使其恢复原状，将重力转移到支架或吊绳上，而后用铁丝或绳捆紧，使裂口密合无缝，外面用塑料薄膜包扎严，以利于愈合；对于比较粗大的枝，也可用木工的拧钻在折伤处两旁各钻一孔，用“门”形钉加固。对折伤严重无可挽救的大枝，应从折伤附近视情况锯平，若后部有分枝且粗度和断面相似，从有分枝旁锯平，以利于伤口愈合；若分枝粗度和断面相差 1/3 以上，宜在分枝处多留 10cm 锯平，然后用锋利的快刀削光、削平锯面，用 2%～5% 硫酸铜或 0.1% 的升汞溶液消毒，再涂上接蜡、铅油等保护剂。对完全折断的枝干，应及早锯断削平伤口，涂以接蜡等保护剂，以防腐烂；对已撕裂未断的枝干，不宜轻易锯掉，宜先用绳索吊起或用支柱撑起，恢复原状，受伤处涂接蜡等并绑牢，促其愈合，恢复生长。

（4）加强雪害后栽培管理工作 雪害后，树体衰弱，应及时施肥，恢复树势，同时树体伤口多易引起病虫危害，应注意及时防治。

7. 什么是桃树抽条？

桃树越冬后枝干失水干枯的现象叫抽条（又称灼条），往往还相伴发生冻害、日灼。发生抽条的桃树往往造成树冠残缺、树形紊乱、结果没有保证，严重的地上部干枯死亡。发生抽条的多是 1 ～ 5 年生幼龄桃树，抽条程度随树龄增大而减轻，但若管理不当，8 ～ 10 年生的桃树也会整个树冠干枯死亡。

8. 桃树抽条的原因有哪些？

桃树抽条主要是由越冬期间不良的外界因素和桃树内在因素引起的。

（1）越冬期间不良的外界因素 桃树越冬抽条不是由于低温冻害或温差过大所引起，而是越冬准备不足的桃树受冻旱影响所造成。所谓冻旱，就是冬春期间（主要是早春）由于土壤水分冻结或地温过低，根系不能或极少吸收水分，而地上部枝条的蒸腾强烈，造成植株严重失水的现象。冻旱实属生理干旱，是桃树吸水和失水（蒸腾）极不平衡所造成的后果。

（2）桃树抽条的内在因素 桃树越冬抽条的发生还决定于桃树本身抗冻旱的能力。①品种和砧木。抗冻旱能力强的品种其生理、生态上有以下特点：枝条上的皮孔小，皮孔总面积少，角质层、木栓层等保护组织较发达；枝条内的可溶性糖含量高，休眠期间糖类物质的转化能力强；持水力高，导水力强；呼吸强度低，打破休眠所需时间长，根系较发达等。②桃树枝条越冬时的状态：一般健壮树，抗冻旱力强，抽条极轻；弱树生长不足，光合作用弱，入冬前养分积累少，含糖量低，持水力弱，抗冻旱力差，抽条就重。徒长树生长旺，枝条不充实，不能形成良好的保护组织，抗冻旱能力最差，抽条最重。

9. 防御桃树抽条的措施有哪些？

桃树抽条的核心问题是水分失衡，因此，必须根据具体情况，找出影响水分失衡的主要矛盾，有针对性地采取措施，才能避免抽条，安全越冬。

（1）运用综合管理技术，促使枝条充实，增强越冬能力 重点是采取多种措施，在枝条正常生长的基础上，保证枝条及时停长。①控水：严格控制秋季水分，自营养生长后期开始（8月上旬左右）至灌冬水前，采取降低土壤含水量的措施，如不灌秋水，排去过多水分，避免种植需秋水多的间作物。②控肥：特别是氮肥，后期不施氮肥，增施磷钾肥。③采用摘心、扭梢等修剪的办法控制旺长，而且要在冬前剪去不成熟枝梢。④喷施植物生长延缓剂如烯效唑等，促使枝条及时停长，起到控制枝条旺长的作用。⑤注意防治病虫害，避免机械损伤等。⑥越冬前整树喷抗蒸腾剂以减少蒸腾，对防止桃树越冬抽条具有良好的效果。

（2）创造良好的小气候，减轻冻旱影响　营造防护林带改善果园小气候，可明显减轻越冬抽条。

10. 什么是桃树日灼？桃树日灼主要有哪些类型？

（1）桃树日灼的定义　是指强烈的太阳辐射引起的桃树枝干和果实伤害。

（2）桃树日灼的类型　桃树日灼分夏季日灼和冬季日灼两种类型。①夏季日灼常常在干旱的天气条件下产生，其实质是干旱失水和高温的综合危害，主要危及果实和枝条的皮层。由于水分供应不足，桃树的蒸腾作用减弱，在灼热的阳光下，果实和枝条因向阳面剧烈增温而遭受伤害。受害果实上出现淡紫色或淡褐色的干焰斑，严重时表现为果实开裂、枝条表面出现裂斑。②冬季日灼出现于隆冬或早春，其实质是在白天有强烈辐射的条件下，因剧烈变温而引起的伤害。桃树的主干或大枝的向阳面由于阳光的直接照射，温度上升很快。据测定，日间平均气温在0℃以上时，树干皮层温度可升高至20℃左右，此时原来处于休眠状态的细胞解冻，但到夜间树皮温度急剧降到0℃以下，细胞内又发生结冰现象。冻融交替的结果使树干皮层细胞死亡，在树皮表面呈现浅紫红色块状或长条状日灼斑，严重时可危及木质部，并可使树皮脱落、病害寄生和树干朽心。

11. 防御桃树日灼主要有哪些措施？

（1）夏季日灼　防御夏季日灼可通过灌溉和果园保墒等措施，增加叶量和水分供应。

（2）冬季日灼 防御冬季日灼可在树干涂白以缓和树皮温度骤变。修剪时在树体的西南方向多留枝条也可减轻危害。

12. 什么是桃树旱害？桃树旱害主要有哪些类型？

（1）按成因分 按其成因桃树旱害主要分为土壤干旱和大气干旱。由于长期无降水或降水显著偏少，土壤缺水，桃树根系吸收的水分不足以补偿蒸腾的支出而受害，称土壤干旱。由于空气干燥，桃树蒸腾耗水量大，即使土壤中存在一定有效水分，但根系吸收的水分来不及供应蒸腾的支出致使桃树受害，称大气干旱。此外还有桃的生理干旱。

（2）按发生的季节分 按照旱害发生的季节，可以分为春旱、夏旱、伏旱、秋旱和冬旱。有时两旱甚至三旱相连，称为连旱。一般表现桃树出苗不齐、萎蔫、生长滞缓、落花、落果等，严重时导致植株枯死。

13. 桃树旱害的成因有哪些？

旱害的发生是天气、气候、地形、土壤和生物等多种因素综合影响的结果。

（1）天气气候因素是旱害的主要成因 大范围的旱害，往往和大气环流异常相联系。一个地区长期受单一气团控制，如亚热带的一些地区长时间处在副热带高压控制下，降水少而气温高；远离海洋的大陆腹地，水汽很难输入，雨量稀少，都易发生干旱。一个地区年蒸发量远远大于年降水量时也会导致气候干旱。在干旱地区发展与当地气候相适应耐旱品种，虽然十年九旱也并不都会成灾。

（2）地形影响降水的分布和再分配 山脉的背风坡雨量少，迎风坡降水多。丘陵坡地径流量大，水土流失严重；沟、谷地径流汇集，水分充足。阳坡蒸发强，水分散失快；阴坡蒸发弱，比较湿润，因而在同一年份旱情各异。

（3）旱害发生的最终表现是土壤含水量长时间不能满足桃树需要 土层深浅、土壤质地、土壤结构，地下水等影响土壤的贮水量、渗漏量、蒸发量和地下水补给量，从而影响旱害的发生和危害程度。

（4）品种不同，其形态结构、生理和生物学特性、生育期的不同，对干旱的敏感性和抵抗能力不同，旱害的影响也各异 在对水分最敏感的时期发生旱害，减产最为严重。品种中，毛桃比油桃抗旱，生育期长的品种比生育期短的品种抗旱，现在人们使用抗旱砧木（长柄扁桃）提高桃树的抗旱性。

14. 防御桃树的旱害主要有哪些措施？

在及时做好旱情预报的前提下，可采取下列措施：

（1）合理搭配品种 根据当地干旱发生的规律，合理安排品种搭配。

（2）建立灌溉体系 如修筑水库、水坝和引水工程以及打井、修渠等。

（3）农田蓄水 如汇集山坡径流，发展“径流业”，通过修筑梯田、平整土地、改良土壤、深耕等方法，在农田蓄积雨季降水等。

（4）种植绿肥 园内种植绿肥保墒，以减少桃园蒸发。

（5）培育和推广抗旱品种 桃树嫁接采用抗旱力强的砧木，提高桃树的耐旱力，能有效地减轻旱害。

15. 什么是桃树水涝？桃树水涝的症状有哪些？

（1）桃树水涝的定义 指的是雨水过多，积水造成桃树被淹。水涝的伤害主要是由于土壤的水分处于饱和状态，根系缺氧，呼吸减弱，进而影响一些关键的生理功能和代谢途径，同时，由于二氧化碳的积累抑制了好气细菌的活动，并使嫌气细菌活跃起来，因而会产生多种有机酸（如甲酸、乙酸、草酸和乳酸）和还原产物（如硫化氢、甲烷和氧化亚铁）等有毒物质，这些物质的大量积累，使树木的根系中毒和腐烂，时间长了就会使桃树窒息死亡。夏季水涝时的水温过高，根系的呼吸作用较强，基质的消耗加快，桃树更容易受害。

（2）水涝对桃树的危害及症状 外部形态上与受旱的症状较为相似，都有生长缓慢、黄化落叶或枯萎死亡等现象出现，而涝害的轻重又与品种自身的遗传适应性有关，所以水涝对桃树的危害因品种不同而异。耐涝性品种会通过形态的改变以适应缺氧环境，因此通过对水涝胁迫下的耐水涝时间、形态变化、生长势等指标测定来评价品种的耐涝性。

16. 发生水涝后的补救措施有哪些？

（1）尽早排除积水 水涝对桃树的伤害程度，与浸水的时间长短成正比例关系。产生水涝后，千万不能抱有等待观望的侥幸思想。在周围河道水位过高而无法自然排水时，应设法筑坝强行排水，以把涝害减到最低的程度。

（2）遮阴 水涝后的强烈阳光照射，会使桃树的受害更为严重和迅速，所以应搭阴棚进行遮阴。

（3）修剪 为了使桃树在根系受到伤害而影响水分吸收的情况下，减少地上部的水分消耗，应对遭受水涝的桃树进行较强的修剪。

（4）排涝后还要及时进行中耕松土，改善土壤通气状况 对于涝害不甚严重的品种，要适当喷施氨基酸系列叶面肥（中国农业科学院果树研究所研制，可显著提高果树的抗性），并注意防止病虫害的发生与蔓延。

17. 什么是桃树雹灾？桃树雹灾的损失有多大？

（1）桃树雹灾的定义 是指由强对流天气引起的降雹，对树体和果实造成的灾害。它出现的范围虽然较小，时间也比较短促，但来势猛和强度大，并常常伴随着狂风、强降水、急剧降温等阵发性灾害性天气过程。

（2）雹灾的损失 据有关资料统计，我国桃树每年因冰雹所造成的经济损失达几亿元。因此，我们很有必要了解冰雹灾害以及冰雹灾害所造成的损失情况，从而更好地防治冰雹灾害，减少经济损失。

18. 防御桃树雹灾的措施及受雹灾后的补救措施有哪些？

（1）预防雹灾的主要措施 首先是做好预报工作，气象部门通过各地电台、电视台、电话、微机服务终端和灾害性天气警报系统等媒体发布“警报”“紧急警报”，使社会各界和广大人民群众提前采取防御措施，避免和减轻灾害损失。其次是做好防雹工作，目前常用的方法有：①用火箭、高炮或飞机直接把碘化银、碘化铅、干冰等催化剂送到云里去。②在地面上把碘化银、碘化铅、干冰等催化剂在积雨云形成以前送到自由大气里，让这些物质在雹云里起雹胚作用，使雹胚增多，冰雹变小。③在地面上向雹云放火箭打高炮，或在飞机上对雹云放火箭、投炸弹，以破坏对雹云的水分输送。④用火箭、高炮向暖云部分撒凝结核，使云形成降水，以减少云中的水分；在冷云部分撒冰核，以抑制雹胚增长。

（2）雹灾发生后的补救措施 对受雹灾影响的桃园进行如下管理：①立

即清园，防止病菌滋生蔓延。②及时喷药防止病虫害发生。③加强施肥管理，恢复树势。④强化叶面喷肥管理，喷施中国农业科学院果树研究所研制的氨基酸系列叶面肥，具有良好效果。⑤加强灾后修剪。

19. 什么是桃树风害？桃树风害主要有哪些类型？

（1）桃树风害的定义 是指风力大到足以给桃树生产造成危害，包括土壤风蚀、桃树机械损伤，生理过程受到障碍和间接影响，传播桃树病虫害和输送污染物质等方面。大风使桃树叶片机械擦伤、幼弱树倒伏、树枝断折、落花落果而影响产量。大风还造成土壤风蚀、沙丘移动而毁坏桃园。北方早春的大风，常使桃树发生风害，出现偏冠和偏心现象。偏冠会给桃树整形修剪带来困难；偏心的桃树易遭受冻害和日灼，影响正常发育。

（2）桃树风害的类型 ①生理危害：风能改变空气的温度和湿度，吹走气孔间隙的水蒸气，加强蒸腾作用，使叶片的气孔关闭，光合作用强度降低，从而导致桃树的枯顶，甚至枯萎。②机械危害：当风速为 13 ～ 16m/s 时，能使树冠表面每平方米受到 15 ～ 20kg 的压力，一些浅根性品种能连根吹倒，而材质较脆或生长衰退、老龄过熟及受病虫害的桃树，能被强风吹折树干。各品种有不同的抗风能力，强风频繁地区，如热带和亚热带常受台风吹袭的地区，一般品种具有健壮的树干、较深的根系等较强的抗风性能。

20. 防御桃树风害主要有哪些措施？如果已经遭受风害，如何补救？

（1）防御桃树风害的主要措施 ①营造防风林带，在风蚀沙化区封沙育草，保护草场，禁止垦荒，实行退耕还牧等；滨海地区营造海防林，有了林带的保护，风速减弱，风蚀和流沙都可得到控制。②选育抗风的桃树品种。③防止土壤风蚀，如种牧草、保护植被、镇压土壤等，都是防止风蚀的有效措施。④及时采摘与加固。及时收听天气预报，在大风来临前组织人力对有商品价值的果实进行采摘，避免或降低经济损失；在大风来临前对树干进行加固措施，减少大风特别是台风、龙卷风等对树体带来的伤害。

（2）对已经产生风害的桃树进行的主要挽救措施 ①扶正培土：风后检

查风害情况，对由于受风灾影响而倒伏的部分幼龄桃树，在天晴后小心扶正，撑牢，并用干土填入空洞，压紧，避免二次伤根。如仅树干摇动，根颈部的土呈一个喇叭口，则向喇叭口填入干土，压紧。有些桃树摇动严重或吹斜，应慢慢扶起，保持一定角度，然后用木棒支撑。根据植株生长势与摇动及倾斜的严重程度，剪去部分过密的枝条及幼嫩的枝条，以减少因叶片蒸腾而导致植株失水，保持根部吸收与地上部蒸发的平衡。植株受害越严重，修剪要求越重。②对因风害折断的枝干，用锯修平，并涂以波尔多液保护。③风后主要预防根腐病、细菌性叶斑病、叶枯病、流胶病、炭疽病等病虫害。桃树受灾后，造成许多伤口，易遭病菌侵染和虫害蔓延，并且受灾后树势减弱，抗病力降低，各种病害容易大量发生和蔓延，因此要加强病虫害的防治工作，保护树体。④及时清园，加强灾后修剪：对已结果的桃园要全面清除桃园内的落果、落叶，拉到桃园外挖坑深埋；剪截断枝残枝，集中焚烧，从而减少病菌传染。对果袋有破损而果实无伤的，将破损的袋子去除，喷一遍杀菌剂，待药液干后再重新套袋。⑤增施肥料，恢复树势。用中国农业科学院果树研究所研制的氨基酸系列叶面肥进行叶面喷肥，每隔 10d 左右喷 1 次，连喷 2 ～ 3 次。叶面喷肥可与喷药同时进行。⑥桃叶风蚀后叶上表皮呈现白色条纹或裂纹，而下表皮为褐色或黑色的条纹，有些人常把风造成的叶片损伤误认为是药害或病害，所以，正确辨认桃树叶片风害症状，对管好桃树有重要的意义。⑦注意苗木质量及栽植技术：苗木移栽时，特别是移栽大树，如果根盘起得小，则因树身大，易遭风害。所以大树移栽时一定要立支柱，以免树身被吹歪。在多风地区栽植，坑应适当大，如果小坑栽植，树会因根系不舒展，发育不好，重心不稳，易受风害。

21. 什么是桃树鸟害？桃树鸟害主要有哪些种类？

（1）桃树鸟害的定义　是指由于鸟群啄食造成的损害。鸟害不仅直接影响果品的产量和质量，还加剧了病菌传播和扩散。

（2）鸟害的种类　各地方有差异，比如南方主要是白头翁和山雀，而北京地区则主要是麻雀、大山雀、喜鹊、灰喜鹊等；其他的还有黄胸、岩鸽、绿头鸭、鹧鸪等啄食，造成极大的危害。

22. 防御桃树鸟害主要有哪些措施?

（1）拉绳子或保护网 在桃园上方不规则地拉上些绳子，这样会让许多鸟误认为是捕鸟网而不敢下落。有条件的话对树体较矮、面积较小的桃园，在鸟类危害前用保护网（丝网、纱网等，网孔应钻不进小鸟）将桃园罩盖起来即可，采后可撤去保护网，这样还可以有效预防虫害。

（2）驱赶 驱赶鸟类，主要是声音驱赶及形象驱赶。经典的方法是田间竖立稻草人、假鹰或塑料布制的小旗，用猎枪、丙烷弹（气体炮）或爆竹弹发出的声音恐吓和驱赶鸟类，可短期内防止害鸟入侵。欧美国家近些年也生产了一些专利性的发声装置，但单纯的发声装置对鸟类空间利用及取食行为没有持久影响。富有生物学意义的声音，如猛禽的叫声，鸟类遇难或报警的叫声最能成为控制手段，但这些声音常具有某种特异性，如果经常播放或持续时间长，鸟类也会逐渐习惯。还有一种将声音和形象结合起来的方法，最早在日本田间使用。这是一种闪光的塑料条带，在田间将其展开并拉紧，在日光下闪闪发光并能随风发出嗡嗡声，在一段时间内能取得较好的驱赶效果。使用驱避剂也是一种常用的方法，目前已经登记注册的化学驱避剂有几十种。使用这类化学药品时，首先应确定不会引起环境公害并检验其驱避效力。

（3）套袋 对桃进行套袋，可缩短鸟类的危害期，减少果品的损失；摘袋后再套塑料纱网袋，既可保护果实不受鸟类危害，也可保护果实不受各种成虫的危害。

（4）铺盖反光膜 桃园地面铺盖反光膜，反射的光线可使害鸟短期内不敢靠近桃树，也利于果实着色。

23. 什么是桃树火灾？如何处理桃树火灾？防御桃树火灾的措施主要有哪些?

（1）桃树火灾 是指在时间和空间上失去控制的燃烧所造成的桃树灾害。桃树火灾主要由每年的燃放鞭炮、烧荒、祭祀烧纸、小孩玩火和闪电等引起。

（2）桃园火灾处理措施 桃园发生火灾时，对于小面积的自己能处理的赶紧采取泼水等灭火处理方式，对于人为控制不了的火灾应该及时拨打 119 报警，拨通后，要准确报告起火单位或具体方位、火场的燃烧面积以及燃烧的植被种类。如果被大火围困在了半山腰，要快速向山下跑，切记不能往山上跑；当发现自己处在森林火场中央，要保持头脑清醒，选择火已经烧过或杂草稀疏、地势平坦的地段转移，如附近有水可把身上的衣服浸湿，穿越火线时，用衣服蒙住头部，快速逆风方向冲越火线，切记不能顺风在火线前方逃跑；陷入危险环境无法突围火圈时，应该选择植被少、火焰低的地区扒开浮土直到看见湿土，把脸放进小坑里面，用衣服包住头，双手放在身体正面，避开火头。

（3）桃园火灾的防控措施　①强化立法保护，打击纵火犯罪行为。②加强防火安全宣传，保护果农的生命和财产安全。③建立火灾防控应急机制，利用先进的GIS等卫星监测、卫星定位系统及时清理枯死树干和枯枝落叶，及时修剪桃树的枯死枝、病虫枝，避免采取焚烧方式处理枯落叶，及时清理桃园四周的杂草等。

24. 什么是桃树除草剂污染？桃树除草剂污染的表现形式有哪些？

（1）除草剂污染　用以消灭或控制杂草生长的农药被称为除草剂。除草剂的使用虽然提高了劳动生产率，但是由于大量以及不合理地使用导致了除草剂污染的问题越来越严重，这些负面影响统称除草剂污染。除草剂污染的堆肥也会对桃树产生药害。

（2）除草剂污染的表现形式　主要由雾滴挥发与飘移、土壤残留、混用不当、作业不规范、误用、除草剂降解产生有毒物质及异常不良环境条件等造成除草剂污染。桃园除草剂污染的主要表现有抑制间作物生长，除草剂残留影响后茬作物生长，污染粮食、土壤和地下水，造成土地无法改茬，目标作物产量低或根本没有收成。除草剂污染对动物和人类造成危害，使自然生态平衡遭到破坏。除草剂在人体内不断积累，短时间内虽不会引起人体出现明显急性中毒症状，但可产生慢性危害，降低人体免疫力，从而影响人体健康，致使其他疾病的患病率及死亡率上升。

25. 防御桃树除草剂污染主要有哪些措施?

1）强化农药市场监管，制定相关法律法规，规范除草剂的使用，控制除草剂用量。

2）注重果农技术培训，加强科技宣传和专业化队伍建设，确保除草剂的使用效果及安全性。

3）着力应用技术示范，对土壤进行有效处理，减少土壤中除草剂残留量。

4）合理选择、科学使用除草剂。桃园严禁使用莠去津或含有莠去津制剂的除草剂，因为会造成叶黄、缺绿、落果，严重减产。

5）喷施中国农业科学院果树研究所研制的氨基酸系列叶面肥可减轻药害。

6）研制新型无公害除草剂，提高高效除草剂的使用水平。

十六、采后处理与保鲜技术

1. 如何进行桃的适期采收？

桃果实的色泽、品质、风味主要是在树上生长发育过程中形成的，因而适期采收极为重要。生产上的采摘期多根据品种特性、市场远近和用途来确定。肉质软的品种，采摘成熟度应低一些；肉质较硬、韧性好的品种，采摘成熟度可高一些。但总体以在硬熟期与近完熟期之间最为适宜。

采收期也是影响桃贮藏效果的主要因素之一。桃采收成熟度与耐贮性有很大关系，采摘过早会降低风味，且易发生冷害；采收过晚则桃质地软化，易受机械伤害，腐烂严重，不耐贮运。因此，掌握适宜的采收期，既能让桃生长充分，基本体现出其品种的色、香、味等品质，又能保持果肉致密，是延长贮藏寿命的关键。生产中采用盛花期标记法判断采收期，用于长期贮藏的桃在果面微发白，向阳面有少量发红时采摘，且应保留果柄。

桃采收是栽培的最后环节，但却是桃商品处理的最初环节。只有适期采收，才能获得耐贮藏的桃，获得最佳品质的鲜桃。在采收中最主要的是采收期和采收的方法。采收在考虑技术条件和措施时，要重视人力和交通工具的安排，即通过深入的调查研究，制定出较准确而合理的劳动组织和采收计划。着色早的品种，主要根据其桃的生长期长短、果面是否富有光泽及桃的弹性来判断，不能仅根据果面是否变红作为适时采收的依据。桃采收时要注意当天的气候条件，阴雨、露水未干或浓雾时采收会使果皮细胞膨胀，容易造成机械损伤，而且果面潮湿易导致病原微生物的入侵。晴天的中午或午后采果，桃本身温度过高，且不易散发，这些都可能给桃的腐烂带来便利条件。采收前还应避免灌水，以免品质下降及桃水分含量增大而不利贮藏。因此，桃的采收应选在晨露已经消失，天气晴朗的午前进行。采收时应尽量减少桃损伤，最好用工具摘果，如果用手摘果，一定要注意先剪指甲，最好能戴上手套，并小心用手掌托住桃，均匀用力，左右摇动使其脱落。采收时要用手托住桃扭转，防止桃落地和刺伤，桃最好带有果柄。在整个采收过程中应注意轻拿轻放，特别注意减少桃的擦伤、跌伤及不易发现的手的抓握伤等损伤。机械损伤是造成病原微生物入侵、导致桃腐烂的最主要的原因，因此在采收过程中，应尽可能地避免一切机械损伤。在包装时应该挑出受伤的桃，而且在运输过程中尽量防止碰撞等带来的损失。采收过程注意顺序，先采外围桃，后采内膛桃，并分级采收。先采生长正常的商品果，再采生长正常的小果，对伤果、病虫果、日灼果等分开采收，不要与商品果混淆。

2. 桃采收后，如何进行分级、洗果、打蜡？

桃采收后，对其进行分级、洗果与打蜡是桃生产与销售之间的一个重要环节，只有通过科学、合理的分级、洗果和打蜡，才能把优质桃完好无损地送到消费者手中，才能延长货架期，减少因腐烂变质所造成的损失，才能实现优质、优价，促进桃升值。

图 57　采收后的桃

采收后的桃应先放置在通风的阴凉处，然后根据品种与地区标准分级。桃的分级是为了使其达到商品化的要求，增加桃的商品性，以便适应不同的市场需求，创造更大的利润。桃在生长过程中，因营养条件、光照、生长部位等的不同而在桃大小、品质等方面都存在差异，而集中进行包装的桃必定也存在大小混杂、良莠不齐的现象，只有通过桃的分级才能按级定价，并便于包装、贮藏和销售。进口油桃之所以每千克能够卖 10 ～ 15 元甚至更高，除了外包装外，还有很大的一个原因就是严格分级，实行优质优价的价格政策。分级时，工作人员每检查一个果子，在拿起之前先看清它暴露在表面的一面，然后用手轻轻捡起反过来看另一面，这样可以减少桃翻动次数。

目前我国对鲜食桃的分级不太严格，但作为生产者来说，为了提高收入增加利润，还是应该对桃进行严格的分级，实行优质优价，以满足不同层次消费者的需求。果个大而整齐、着色均匀、没有伤害的桃可以作为优等果品拿至国际市场或大商场销售，目前，市场上流行的桃大小标准是早熟品种直径在6.5cm以上，中熟品种直径在7.0cm以上，晚熟品种直径在7.5cm以上。

对桃的表面进行涂料处理即打蜡，不仅可以在一定时期内减少桃水分的损失，保持新鲜，而且可以增加光泽度而改善外观，提高果品的商品价值。国外进口果品之所以外观艳丽，鲜脆欲滴，并不是别人的栽培手段比我们高，而是经过了采后的打蜡等处理。如果将我们自己生产的桃进行采后打蜡等处理，放到国际市场上，也可能竞争过国外的一些产品。对采后的桃进行洗果、打蜡等处理，虽然增加了一定的成本，但应该看到的是，桃的商品价值得到更大程度上的提高，其利润还是相当可观的。对于桃的打蜡分级，早已实行机械化操作，有专门的打蜡分级机，但为了降低成本，也可以用人工进行打蜡处理，其效果是一样的，家家户户都可以独立进行操作。方法是将专用的果蜡按比例配制成溶液，将洗净的桃稍微浸泡，取出晾干即可。

3. 桃上市销售的包装方式有哪些?

合适的包装是提高桃的商业品质、延长其贮藏保鲜期的有效手段。20世纪90年代起，随着市场经济的发展，大城市与外贸公司对高档水果的需求日益增加，不仅分级严格，包装水平也显著提高。规格高的桃果都用包装纸或泡沫网套保护，包装也向小型化发展，有笼格、小篮、小型果箱等。现代都市农业中的观光桃园已开始出现就地销售的形式，颇受游客欢迎。

包装对于鲜桃是非常重要的，它不仅可以使桃在处理、运输、贮藏和销售过程中便于装卸、周转，减少桃相互摩擦、碰撞、挤压等造成的损失，而且还能减少桃的水分蒸发，保证桃的新鲜，提高其耐贮藏能力。桃包装的目的一是便于贮藏、运输与销售，减少因挤压、撞伤、擦伤等造成的损失；二是美化产品，提高产品档次；三是通过精美的包装并在包装箱上辅以适当的广告宣传，有利于树立企业形象，创立知名品牌。

桃的外包装对于保持桃新鲜、延长贮存期、减少桃在运输过程中的损耗都起着重要的作用，良好的包装对于生产者、经营者及消费者都是有利的。桃包装容器应具备的条件：①有利于保护桃的质量与减少损耗。②包装容器必须牢固美观。③便于购销者处理。④有利于贮存堆放。⑤最大限度地降低运输的费用。⑥适应于新的运输方式。

目前，桃的包装和其他果品一样，更多的是使用瓦楞纸箱，最好能采用单果包装，分层分格，每层之间用纸板隔开，这样能最大限度地减少桃之间的挤压、碰撞等损伤，保证桃在经过贮藏运输之后保持完好。每个包装的规格大小要根据运输、贮藏和销售的需要而定，运往超市的优等果品包装要小而精美，贮藏和远距离运输的果品包装可稍大些，但最大不宜超过 20kg。

图 58　桃的包装

4. 为什么要进行桃采后的冷库贮藏?

由于桃水分含量高，收获季节多集中于七八月高温、多雨季节，采收后后熟速度快，极易腐烂变质，一般采后 2 ～ 3d 果肉迅速变软，开始褐变，之后便失去食用价值。如果采收后能进行大批量的冷库贮藏，对于减少采后腐烂损失、延长供应期有着重要意义。

冷库贮藏即对采后桃进行低温处理。低温能延缓桃新陈代谢，减少水分蒸发，减弱蒸腾作用，抑制桃采后生理变化，并且可以保持较高的质地、营养、香气、滋味等品质指标，是延长贮藏期的关键技术。现国内一般冷藏保鲜时间 21 ～ 42d，贮藏温度在 1 ～ 5℃，空气相对湿度为 80% ～ 85%。根据销售需要（如北桃南运），还采用了冷藏车长途运输。

桃采收后，桃组织中果胶酶、淀粉酶活性很强，这是桃采后在常温下很易变软、败坏的主要原因。特别是水蜜桃采后呼吸强度迅速提高，在常温条件下

1～2d即变软。低温及低氧或二氧化碳（CO_2）可抑制这些酶的活性，因此采后的桃应立即降温及进入气调状态，以保证其硬度和品质。

桃对温度的反应比其他果品都敏感，采后桃在低温条件下呼吸强度被强烈抑制，但易发生冷害。桃适宜的贮藏温度随品种、产地、成熟度等不同而不同。一般认为0～10℃的低温处理是保持桃新鲜度和品质最安全、最经济的手段。在一定的温度范围内，呼吸高峰出现的时间随温度升高而缩短，低温能明显抑制桃的呼吸强度。许多品种在0℃条件下易发生冷害，冷害桃表现为果肉变干、褐变、腐烂及丧失正常后熟能力。低温能抑制桃的呼吸作用，减缓乙烯的释放速率，抑制与桃成熟衰老有关的一些酶类的活性等，故冷藏能延长桃的保鲜期。如油桃在0℃左右条件下，一般可贮藏3～4周而无桃絮败、褐变、果面褪色等生理失调现象。深州蜜桃常温贮藏20d左右果肉硬度下降至2.6kg/cm^2，而低温（0±0.5℃）冷藏果的硬度则显著高于常温贮果，取得了预期的成效。可采用的预冷措施有井水预冷、冷库预冷或摊放在阴凉的树荫下等。预冷处理可以除去桃的田间热，使果温迅速降低，抑制桃采后的生理活动，降低营养物质的消耗，减少微生物的侵染，减少腐烂变质所造成的损失，从而提高贮藏保鲜效果。预冷处理是搞好桃贮藏保鲜工作的关键环节，对保证良好的贮藏效果有重要的作用。如果预冷不及时或不彻底，都会增加桃的采后损失。

5.如何进行桃的气调贮藏（大、小冷库）？

气调贮藏能显著延缓衰老进程，抑制生理病害，在当代桃贮藏方式中被认为是效果最好的贮藏技术。

气调贮藏主要是通过高CO_2与低（O_2）来抑制贮藏果品的呼吸作用，进而抑制多种代谢活动。贮藏环境中O_2、CO_2浓度直接影响桃的耐贮性，不适宜的气体成分也会对桃果实造成伤害。一般来讲被贮果实周围1%～3%的O_2浓度是安全浓度，CO_2浓度过高可造成桃果肉褐变。目前，商业上一般推荐的气调贮藏条件为0℃，1%O_2+5%CO_2或2%O_2+5%CO_2，在此条件下贮藏，贮期比普通冷藏延长1倍。但不同品种桃的耐贮性和对温度及气体成分的反应不同。有研究表明，肥城桃较适宜的气体指标为5%O_2+5%CO_2，安丘蜜桃的最佳气调组合为2%～5%O_2和2%～5%CO_2，青州蜜桃的气体指标为8%～10%O_2和3%～4%CO_2。

通常用 1% ～ 5%O_2 和 1% ～ 5%CO_2 处理鲜果可以抑制变色和软化，降低呼吸强度和乙烯生成率，减轻褐变程度，降低腐烂率，维持较高的含糖量和不饱和脂肪酸含量。

6. 桃采后如何进行运输保鲜?

桃属于呼吸越变型果实，常温下运输会很快成熟变软，再加上运输过程中的损伤，会增加腐烂率，使好果率降低，商品价值受到很大影响。桃的运输保鲜是为了让桃在运输过程中能更长时间地贮藏。贮藏也是为了可以更好地保鲜，使桃到达消费者手中时尽可能新鲜。

通常采用的运输保鲜措施：①冷藏。可采用 1 ～ 5℃的恒定低温或波动温度贮藏，也可采取变温处理，变温冷藏可减轻桃冷害，并可延长贮藏寿命。②气调贮藏。将桃放于 1%O_2、5%CO_2 气体条件下贮藏，结合冷藏效果更好。保鲜袋其实质上也是一种自然的气调措施，桃在密闭的保鲜袋中进行呼吸作用，使内部的气体成分发生改变，CO_2 浓度逐渐升高，O_2 浓度逐渐降低，最后达到稳定状态。气调贮藏保鲜可以抑制内源乙烯和脱落酸生成及纤维素酶活性，延缓花青素的分解，从而起到减缓桃衰老和延长贮藏寿命的作用，因此，气调贮藏保鲜适宜远程运输。桃在远程运输前必须预先进行降温处理，以防在包装物内热量散发不出而导致桃发热腐烂。另外，还可采取冷藏运输及冷链销售以减少腐烂，延长桃的货架期。桃在运输过程中还要注意轻拿轻放，减少碰撞，以增加好果率。

总的来说，油桃的贮藏性较水蜜桃好，不同肉质的油桃贮藏性能也不一样，应结合品种本身的特性确定合理的运输保鲜措施，以达到理想的运输保鲜效果。

主要参考文献

[1] 马骥, 秦富.我国桃产品出口战略研究——基于产业内贸易的经验分析[J] .国际商务——对外经济贸易大学学报, 2009, 3:25-29.

[2] 纪萍.中国桃产业国际竞争力及出口影响因素研究[D] .杨凌:西北农林科技大学,2011.

[3] 姚丽凤.中国桃产业发展的对策研究[J] .中国市场, 2008, 23:112-113.

[4] 杨静.我国桃和油桃生产与进出口贸易现状及其展望[J] .农业展望, 2011（3）:48-52.

[5] 朱更瑞, 王力荣, 方伟超.我国桃的生产现状与发展策略[J] .落叶果树, 2003,35（4）:14-16.

[6] 姜林, 张翠玲, 于福顺, 等.中国桃的育苗企业及发展建议[J] .落叶果树, 2013, 45（5）:23-25.

[7] 李绍华.桃树学.北京:中国农业出版社, 2013.

[8] 汪祖华, 庄恩及.中国果树志.北京:中国林业出版社, 2001.

[9] 王孝娣, 王海波.设施桃栽培实用技术手册.北京:金盾出版社, 2012.

[10] 王志强.桃精细管理十二个月.北京:中国农业出版社, 2011.

[11] 王真, 姜全, 郭继英, 等.桃新品种经济效益分析[J] .北方园艺, 2013（12）:197-200.

[12] 郭晓成, 邓琴风, 高小宁, 等.论我国桃产业发展的优势、品种和栽培技术[J] .西北园艺, 2004,6:5-7.

[13] 姜林, 冯明祥, 邵永春, 等.山东桃产业现状与发展建议[J] .落叶果树,2010(2):11-14.

[14] 于书菊, 王秋萍.山西临汾桃产业发展现状与展望[J] .山西果树, 2013（7）:37-38.

[15] 马之胜, 贾云云.桃安全生产技术指南.北京:中国农业出版社, 2012.

[16] 张娟娟.有机桃标准化生产技术[J] .农业科技通讯, 2010（9）:218-219.
[17] 王孝娣, 郝志强, 刘凤之, 等.适于机械化生产的桃树新树形扶干主干形及其配套机械[J] .中国果树, 2013（3）:71-73.
[18] 李淑珍, 冯孝严, 石英.绿色食品桃生产关键技术[J] .北方果树, 2003（1）:30-31.
[19] 乔荣霞.桃树起垄栽培技术[J] .现代园艺, 2012（2）:31.
[20] 陈凤姣, 曹艳丽, 油景军.桃树起垄覆草栽培技术[J] .落叶果树, 2012（5）:58.
[21] 张永成, 吴世中, 陆鸿年, 等.桃流胶病的防治技术[J] .内蒙古农业科技,2004(S2):180.
[22] 范西然, 张长俭.桃树病虫害的综合防治[J] .现代农业科技, 2007（13）:89,93.
[23] 刘镜印, 马恩凤, 张娜，等.桃树主要病虫害无公害防治技术[J] .北京农业, 2009（21）:48-50.
[24] 王忠云, 徐大伟, 李洪涛.燕红桃主要病虫害防治措施[J] .特种经济动植物，2012(9):47-48.
[25] 刘建, 杨莉莉.侵染桃树的病毒、类病毒和植原体病害研究进展[J] .果树科学, 1999, 16(增刊):27-31.
[26] 王春华.桃树常见病害防治措施[J] .果农之友, 2014（1）:30,38.
[27] 王孝娣, 王海波.设施桃栽培实用技术手册.北京:金盾出版社, 2012.
[28] 刘佳棽.2013年冻害对桃产量及售价的影响预测[J] .专家视角, 2013（6）:6.
[29] 何琼.桃树受雹灾后的管理技术[J] .现代农业科技, 2011（8）:126,128.
[30] 李兆杏.果园使用除草剂的注意事项[J] .农村百事通, 2013,11:59-60.
[31] 张辉, 唐国强.除草剂产生危害的原因及其防控措施[J] .现代农业科技, 2011（17）:174-175.
[32] 陈安均, 蒲彪, 罗云波, 等.桃果实成熟期的软化机理探讨[J] .四川农业大学学报,2003, 6(2):113-115.
[33] 陆庆轩.城市森林火灾隐患及其管理[J] .中国城市林业, 2009, 7(5):58-59,66.
[34] 金花.试论泰安气候变化对肥城桃生产的影响[J] .科技日向导, 2010(4):249-251.
[35] 白先进, 李标, 梁声记, 等.2010年广西北部地区果树霜害调查[J] .中国果树, 2010（5）:61-64.
[36] 孙洪刚, 林雪峰, 陈益泰, 等.沿海地区森林风害研究综述[J] .热带亚热带植物学报, 2010,18(5):577-585.

[37] 武玉才, 武付娟.怎样护理受雪害果树[J] .山西果树, 1995（4）:38-39.
[38] 李晓荣.怎样护理受雪害果树[J] .山西果树, 2013（6）:57-58.
[39] 侯海军, 何云, 胡新文, 等.植物旱害及抵御植物旱害途径的研究进展[J] .作物杂志, 2005（5）:36-39.
[40] 卢胜进.水涝灾害后果树配管技术措施[J] .科学种养, 2013（8）:25.
[41] 刘海蓉, 张亚新, 李新祥, 等.果树抽条的气象成因分析及预防措施[J] .沙漠与绿洲气象, 2013（3）:67-69.
[42] 李进, 陈然, 袁淑杰, 等.望都县苹果幼果期日灼病的发生情况及预防对策[J] .河北林果研究, 2010, 25（4）:381-383.
[43] 魏宝东, 孟宪军, 陈留勇.外源水杨酸处理对锦绣黄桃保鲜效果的影响[J] .食品研究与开发, 2004,12(6):124-127.
[44] 李仲群.桃保鲜调控技术及机理的研究[D] .天津:天津科技大学, 2010.
[45] 陈锋.不同保鲜剂及复配对水蜜桃保鲜效果研究[D] .重庆:西南大学, 2010.
[46] 刑震.保鲜剂、降温方式结合冰温对大久保桃采后品质影响的研究[D] .石河子:石河子大学, 2010.
[47] 魏好程.桃果实采后贮藏保鲜及其品质控制的研究[D] .海口:华南热带农业大学,2005.
[48] 常军.桃减压、1-MCP和高CO_2贮藏效应的研究[D] .天津:天津科技大学, 2004.